Sujeet Pandey

Projeto baseado em VHDL de um descodificador Manchester MIL-STD 1553B energeticamente eficiente

Sujeet Pandey

Projeto baseado em VHDL de um descodificador Manchester MIL-STD 1553B energeticamente eficiente

Imprint

Any brand names and product names mentioned in this book are subject to trademark, brand or patent protection and are trademarks or registered trademarks of their respective holders. The use of brand names, product names, common names, trade names, product descriptions etc. even without a particular marking in this work is in no way to be construed to mean that such names may be regarded as unrestricted in respect of trademark and brand protection legislation and could thus be used by anyone.

Cover image: www.ingimage.com

This book is a translation from the original published under ISBN 978-620-2-05314-3.

Publisher:
Sciencia Scripts
is a trademark of
Dodo Books Indian Ocean Ltd. and OmniScriptum S.R.L publishing group

120 High Road, East Finchley, London, N2 9ED, United Kingdom
Str. Armeneasca 28/1, office 1, Chisinau MD-2012, Republic of Moldova, Europe
Printed at: see last page
ISBN: 978-620-7-73465-8

Índice

CAPÍTULO 1

INTRODUÇÃO

Este projeto tem como objetivo estudar, desenhar e implementar as lógicas de front-end de um dispositivo do protocolo 1553B - MIL-STD-1553B Manchester Encoder-Decoder usando uma máquina de estados. O desenho síncrono usando máquinas de estado será usado para desenhar as lógicas envolvidas e o mesmo será codificado em VHDL. Manchester é uma técnica de codificação digital em que os dados binários são dispostos numa sequência específica. Dado que o sistema de codificação tem uma precisão elevada, o sistema permite uma maior eficiência no envio de dados. Este sistema de técnica de codificação é um sistema de técnica de codificação digital universalmente aceite. Além disso, garante a segurança da transmissão de dados entre sistemas. A família FPGA Spartan 6 é utilizada para determinar a quantidade de energia total consumida. É utilizada a família Spartan 6, que possui capacidades de integração de sistemas para produzir resultados. Alguns pontos característicos da família Spartan 6 são os seguintes

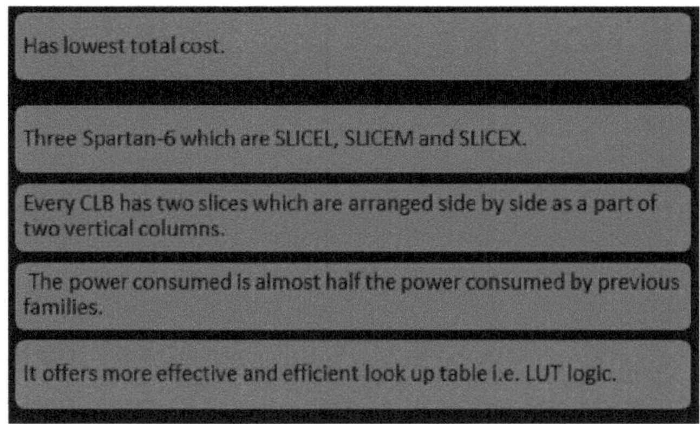

Figura 1.1: Algumas características importantes do Spartan6

1.1. MÁQUINAS DE ESTADO

Uma máquina de estados finitos (FSM) é uma técnica de conceção síncrona utilizada para a conceção de uma lógica digital. É concebida como uma máquina de estados que pode estar num de um número finito de estados. A máquina encontra-se apenas num estado de cada vez. Pode passar de um estado para outro, o que se designa por transição. Um FSM é uma lista dos

"

estados de transição possíveis a partir de cada estado atual, para cada transição. Este diagrama de estados finitos é a representação pictórica do comportamento de um circuito sequencial. O estado é representado por um círculo e as transições entre estados são indicadas por linhas direccionadas que ligam os círculos. A linha direta que liga um círculo indica que o estado seguinte é igual ao estado atual.

1.2 ESQUEMA RTL

Como se mostra na Figura 1.2, o DECODER_MAN tem 5 portas de entrada que permitem a transferência de dados de 16 bits, 13 portas de saída e 4 portas de saída de entrada. Estes ajudam a converter os dados MIL STD 1553B Manchester em palavras paralelas de 16 bits e a armazená-los na memória. Por conseguinte, este dispositivo é de importância primordial no domínio da comunicação para a transferência de dados.

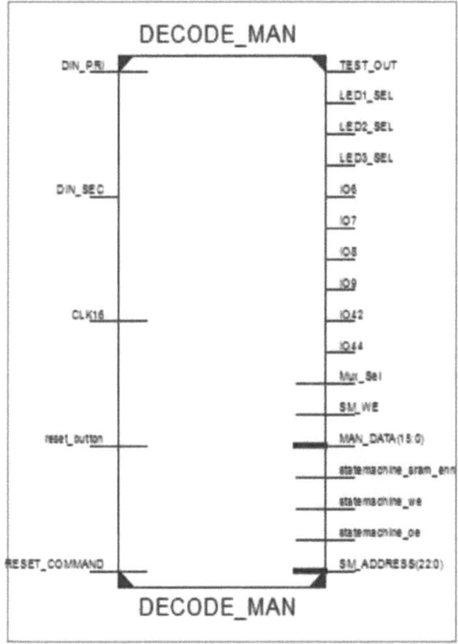

Figura 1.2: Esquema RTL básico do descodificador Manchester MIL STD 1553B

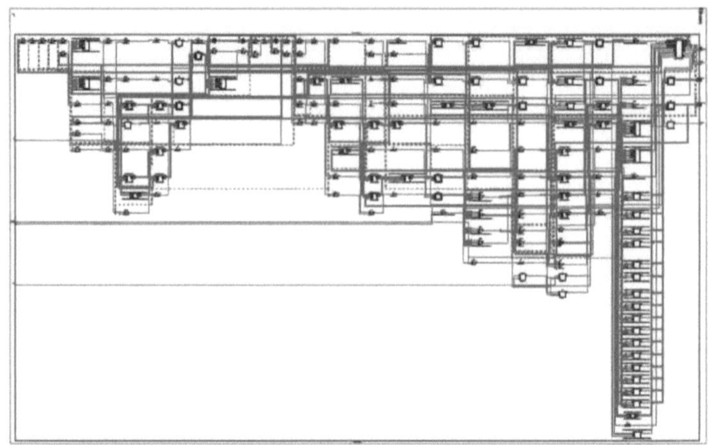

Figura 1.3: Arquitetura interna do esquema RTL do descodificador de homem MIL STD 1553B

Como se mostra na Figura 1.3, a arquitetura interna do esquema RTL do descodificador Manchester MIL STD 1553B tem o seguinte relatório de síntese, como o número total de estados, transições, entrada, saída, relógio, reposição, tipo de reposição, estado de reposição, estado de arranque, codificação e implementação: 11, 23, 9, 9, Clockl6 (rising_edge), RESET_COMMAND_reset_button_OR_1_0 (positivo), Asynchronous, idle, idle, auto e LUT, respetivamente.

State	Encoding
idle	0000
New_message	0001
Between_message	0010
Time_tag	0011
Between_words	0100
preamble_check	0101
preamble_wait	0110
read_data	0111
Checksum	1000
Output	1001
message_complete	1010

Figura 1.1: Síntese de baixo nível

1.2.1. ESQUEMA TECNOLÓGICO

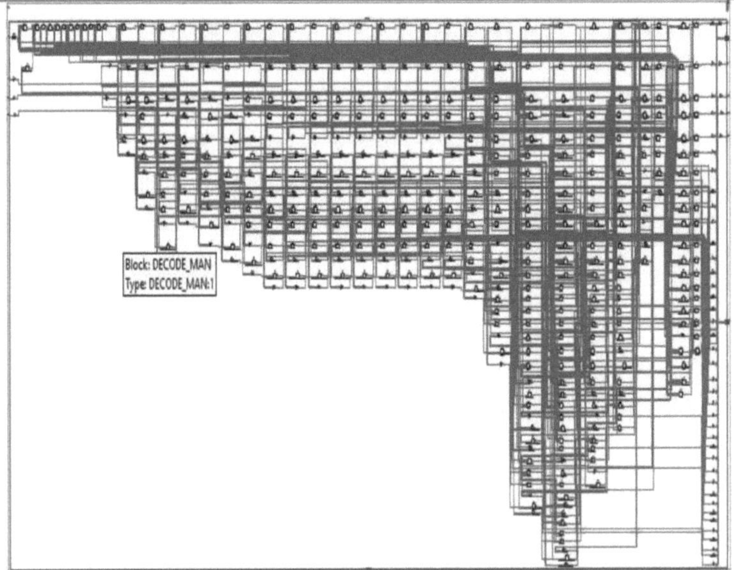

Figura 1.4: Esquema tecnológico do descodificador Manchester MIL STD 1553B

Como mostra a Figura 4, o esquema tecnológico do descodificador de Manchester MIL STD 1553B tem o seguinte relatório de síntese HDL, ou seja, as macro-estatísticas, como o número total de somadores/subtractores, registos, trincos, multiplexadores e FSM, são 7, 13, 19, 45 e 1, respetivamente. Considerando que o relatório de síntese HDL avançada, ou seja, as macro-estatísticas, tais como o número total de adicionadores/subtractores, contadores, registos, multiplexadores e FSM, são 6,1,87,45 e 1, respetivamente.

1.3. PROGRAMAÇÃO VHDL

VHDL significa Linguagem de Descrição de Hardware VHSIC. O Departamento de Defesa dos EUA e o IEEE patrocinaram o desenvolvimento desta linguagem de descrição de hardware. Tornou-se atualmente uma das linguagens de descrição de hardware padrão da indústria, utilizada para descrever sistemas digitais. Outra linguagem de descrição do hardware utilizada é a Verilog. Estas são linguagens poderosas que permitem descrever sistemas digitais. Uma terceira linguagem HDL é a ABEL (Advanced Boolean Equation Language), que foi concebida para dispositivos lógicos programáveis (PLD). A ABEL é menos poderosa do que as outras duas linguagens, VHDL e Verilog, e é menos popular no sector.

1.3.1. ESTRUTURA DO FICHEIRO DE PROGRAMAÇÃO

Um sistema digital em VHDL consiste numa entidade de conceção que pode conter outras entidades que são então consideradas componentes da entidade de nível superior. Cada entidade é descrita por uma declaração de entidade e um corpo de arquitetura. Considera-se a declaração da entidade como a interface para o mundo exterior que define os sinais das portas de entrada e das portas de saída, enquanto o corpo da arquitetura contém a descrição da entidade e é descrito pelas entidades de interligação, sequenciais, combinacionais, processos e componentes, como se mostra na Figura 1.5. Num projeto típico, há muitas entidades ligadas entre si para obter a função desejada.

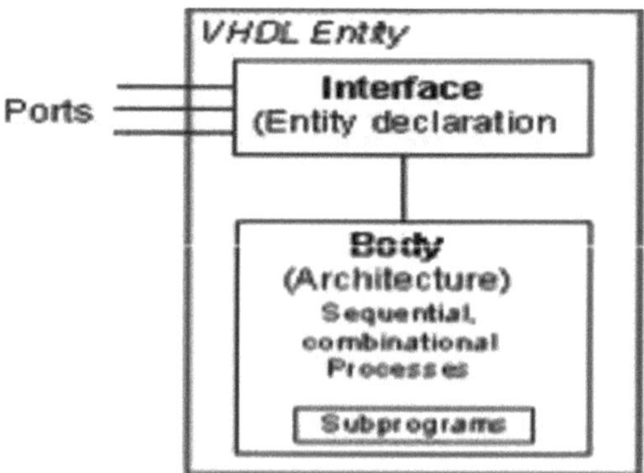

Figura 1.5: Uma entidade VHDL composta por uma interface e um corpo

As palavras-chave VHDL não podem ser utilizadas como nomes/identificadores de sinais. Tais palavras-chave e identificadores não diferenciam maiúsculas de minúsculas. As linhas com comentários começam com dois traços (-) e serão ignoradas pelo compilador. O VHDL não pode considerar quebras de linha e espaços extra. A VHDL é uma linguagem que permite declarar o tipo de objeto que tem um valor, como sinais, constantes e variáveis.

1.4. BANCO DE ENSAIO

Um banco de ensaio é utilizado para verificar a funcionalidade do projeto em cada etapa da metodologia de síntese HDL. O banco de ensaio instancia o projeto em teste (DUT), fornece o estímulo de entrada ao DUT e examina a saída do DUT. Para um teste automático completo, as funções de comparação comparam o resultado do DUT com os bons resultados e relatórios conhecidos. Alternativamente, as saídas do DUT podem ser monitorizadas como formas de onda, que podem ser analisadas em detalhe para todos os seus parâmetros de temporização.

Um banco de ensaio tem os seguintes componentes, tais como

a) **Entrada:** Os critérios de entrada necessários para efetuar o trabalho.

b) **Procedimentos a efetuar:** Os processos que irão transformar o input no output.

c) **Procedimentos de controlo:** Os processos determinam que os resultados cumprem os requisitos das normas.

d) **Saída:** Os resultados de saída produzidos a partir do banco de trabalho de testes.

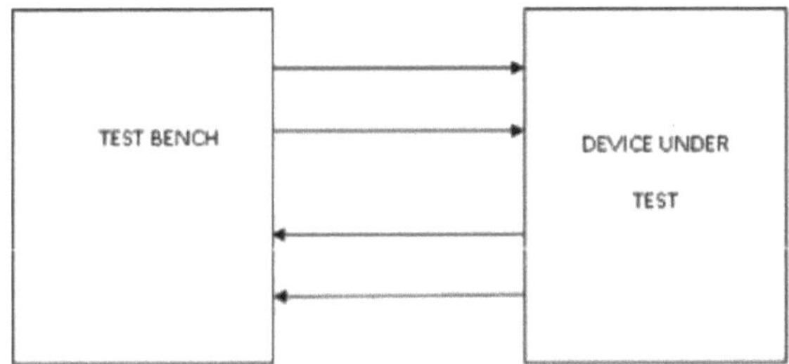

FIGURA 1.6: DIAGRAMA DE BLOCOS DO BANCO DE ENSAIO

Um banco de ensaio é o nível mais elevado na hierarquia do projeto. Instancia o dispositivo em teste. Dá o estímulo de entrada ao dispositivo em teste e examina a saída do dispositivo em teste.

1.4.1.1. VANTAGENS DA UTILIZAÇÃO DE BANCOS DE ENSAIO

As principais vantagens da utilização de um banco de ensaio são as seguintes

a) São independentes da plataforma, ou seja, podem ser utilizados em qualquer simulador para testar a saída em função das entradas.

b) As saídas de um dispositivo podem ser encaminhadas para as entradas de outro dispositivo

c) O dispositivo concebido pode ser verificado em relação a várias entradas de uma só vez, tal como acontece no mundo real.

1.5. VISÃO GERAL

O objetivo é o descodificador MIL-STD-1553B utilizando máquinas de estado, codificação utilizando VHDL e verificação por simulação utilizando um banco de ensaios VHDL.

MIL STD 1553B, que é amplamente utilizado na aviónica e nas comunicações por satélite para estabelecer a interface entre diferentes subsistemas. Para conceber o codificador e o descodificador, são utilizadas máquinas de estados em vez da conceção convencional com diagramas de blocos e a codificação é feita com VHDL. A verificação por simulação é efectuada utilizando um banco de ensaios.

CAPÍTULO 2

PESQUISA BIBLIOGRÁFICA

MIL STD 1553B representa o barramento de dados padrão militar que é utilizado no barramento de dados aviónicos para trocar informações entre vários sistemas. Trata-se de um barramento de 1 Mbps que segue a codificação Manchester II; é um barramento de 20 bits e tem vários formatos de mensagem para enviar comandos/estados e dados entre vários sistemas. Este barramento de dados tem três subsistemas: o monitor do barramento, o controlador do barramento e os controladores remotos.

Este projeto é representado principalmente através de máquinas de estados, que é a representação pictórica do comportamento da lógica sequencial que pode ser implementada utilizando um número fixo de estados. As suas saídas e estados são idênticos e não há escolha da sequência. As saídas e o estado seguinte de uma máquina de estados são funções lógicas combinacionais das suas entradas e do estado atual. A escolha do estado seguinte pode depender do valor da entrada atual. As máquinas de estados são complexas para a realização de lógicas de controlo e de tomada de decisões nos sistemas digitais.

A representação por diagrama de estados tem sido preferida em relação a outros tipos de representação, como o diagrama de blocos ou os fluxogramas, uma vez que os diagramas de blocos fornecem as entradas e as saídas específicas, mas o comportamento da saída em relação à entrada não pode ser determinado no diagrama de blocos e a causalidade dos loops é difícil de detetar.

Os fluxogramas podem parecer semelhantes aos diagramas de estado, mas não são a mesma coisa. Os fluxogramas são uma boa ferramenta para descrever o fluxo sequencial que é necessário no projeto, mas os fluxogramas são menos qualificados para mostrar actividades sequenciais em execução contínua. Nos fluxogramas, o passado tem de ser armazenado através de sinalizadores, o que é muito complexo de representar, pelo que se utilizam máquinas de estados, que são mais simples de representar os ciclos e as entradas e saídas do passado.

Assim, o principal objetivo do projeto é criar um diagrama de estados para o codificador e o descodificador, definindo todos os estados destes dispositivos, e programá-los utilizando a codificação VHDL, usando instruções de caso para cada estado definido no diagrama de estados.

CAPÍTULO 3

MIL STD 1553B

O MIL STD 1553B é um barramento de protocolo padrão de comando/resposta de aviónica com uma taxa de dados de 1 Mbps, half duplex, codificação Manchester Bi-phase que descreve as características electrónicas e as normas de protocolo para um barramento de dados. Um barramento de dados é um meio para o intercâmbio de dados e informações entre um sistema e vários sistemas. Este capítulo apresenta uma introdução, a história e as aplicações, bem como os elementos da estrutura do barramento de dados e as normas de protocolo, ou seja, os formatos de mensagem.

3.1. ANTECEDENTES

Na aviação, a eletrónica, designada por aviónica, era um sistema simples e autónomo. A vigilância, a navegação, as comunicações, os controlos de voo, os instrumentos e os visores consistiam em sistemas analógicos. Nessa altura, estes sistemas eram compostos por várias caixas, componentes ou subsistemas, ligados a um único sistema. Várias caixas ou componentes dentro de um sistema eram ligados com cablagem ponto a ponto. Este tipo de sinais consistia em tensões analógicas, sinais de resolvedores síncronos e contactos de interruptores. A localização destas caixas não é especificada no interior da aeronave, sendo uma função da necessidade do operador, do espaço disponível e das restrições de peso e equilíbrio da aeronave, o que é difícil de compreender. Se fossem acrescentados mais sistemas, os cockpits, a cablagem e as interfaces tornavam-se mais complexos e o peso da aeronave aumentava por estas razões.

Ao fim de alguns anos, era necessário partilhar informações entre os vários sistemas utilizando um protocolo de interface normalizado para reduzir o número de caixas negras e os tipos de interfaces necessários a cada subsistema. Um tipo de sensor único, por exemplo, que fornece informações sobre o rumo e a velocidade, pode fornecer dados ao sistema de navegação, ao sistema de comunicações, ao sistema de vigilância, ao sistema de armas, ao sistema de controlo de voo, ao sistema de visualização do piloto e ao sistema de instrumentos. Nessa altura, a tecnologia aviónica era analógica e a partilha de sensores permitiu reduzir o número total de caixas negras, tendo os sinais de ligação passado a ser um conjunto mais complexo de fios e conectores. No entanto, as funções ou sistemas adicionados mais tarde tornaram-se uma integração deste tipo de sistema, uma vez que as ligações adicionais de um determinado sinal deste tipo de sistema poderiam ter potenciais impactos no sistema.

Além disso, o sistema utilizado para adicionar a cablagem ponto a ponto; o sistema que era a fonte do sinal teve de ser melhorado para fornecer o hardware adicional para a saída para o subsistema recém-adicionado para dar mais precisão. Assim, o tipo de ligações entre subsistemas tinha de ser mantido com precisão.

3.1.1. ADVENTO DA TECNOLOGIA DIGITAL

Com o advento da tecnologia digital, os computadores digitais foram introduzidos em vários sistemas e subsistemas de aviónica. Estes permitem uma maior capacidade computacional e um crescimento rápido, em comparação com os seus protótipos analógicos. No entanto, o processamento dos sinais de dados, as entradas e as saídas dos sistemas de envio e de receção eram de natureza analógica. Este facto levou à configuração de um pequeno número de computadores principais com interface com outros sistemas e subsistemas através de conversores analógicos para digitais e digitais para analógicos complexos e dispendiosos. À medida que a tecnologia foi melhorando, os sistemas aviónicos foram-se tornando mais digitais. Com o advento do microprocessador e do controlador, os efeitos foram certamente muito importantes. Uma vantagem desta aplicação da tecnologia digital foi a poupança no número de sinais analógicos e, por conseguinte, a necessidade da sua mudança. A transmissão dos dados entre utilizadores em formato digital pode permitir uma maior partilha das informações dos sensores. Uma vantagem adicional foi o facto de os dados digitais poderem ser transmitidos bidireccionalmente, enquanto os dados analógicos eram transmitidos unidireccionalmente. A transmissão de dados em série, em vez de paralela, foi utilizada para diminuir o número de interconexões dentro da aeronave e o circuito recetor/driver necessário com as caixas negras localizadas no extremo da cabina.

3.1.2. ADVENTO DO BARRAMENTO DE DADOS DE AVIÓNICA

Era necessário um meio de transmissão de dados que permitisse a todos os sistemas e subsistemas partilhar um conjunto único e comum de fios. Partilhando a utilização deste interconector, os vários subsistemas poderiam enviar dados entre si e para outros sistemas e subsistemas, um de cada vez, e numa sequência específica bem definida, daí um bus de dados de aviónica. A norma MIL STD 1553B define o termo Multiplexagem por Divisão de Tempo como "a transmissão de dados a partir de várias fontes de sinal através de um sistema de comunicações com amostras de sinal diferentes escalonadas no tempo para formar um comboio de impulsos composto". Por exemplo, na Figura 3.1, os dados podem ser transmitidos entre múltiplos componentes aviónicos através de um único meio de transmissão, com as comunicações entre as caixas aviónicas diferentes a ocorrerem em momentos diferentes no tempo, ou seja, a chamada divisão no tempo.

3.1.3. APLICAÇÕES DO BARRAMENTO DE DADOS DE AVIÓNICA MIL STD 1553B

A norma MIL STD 1553B deu início a muitas utilizações para estabelecer a interface entre vários subsistemas de um sistema complexo. Estas aplicações são:

a)   Esta norma foi aplicada a satélites, bem como a cargas úteis do vaivém espacial utilizado na Estação Espacial Internacional.

b)   Esta norma tem sido utilizada em grandes aviões de transporte, reabastecedores aéreos, bombardeiros, caças tácticos e helicópteros.

c)   Este barramento de dados está disponível nos mísseis e foguetes, como interface primária entre a aeronave e um míssil ou foguete.

d)   A Marinha utilizou este barramento de dados aviónicos tanto para navios de superfície como para navios sem superfície.

e)   O Exército, para além dos seus helicópteros, colocou a norma MIL STD 1553B em tanques e obuses.

f)   As aplicações comerciais aplicaram esta norma de protocolo a sistemas que incluem metropolitanos, como por exemplo o Bay Area Rapid Transit (BART), e linhas de produção fabris.

3.2. 1553B CARACTERÍSTICAS

As características MIL STD 1553B são as seguintes

a)   A velocidade de transmissão de dados do 1553B é de 1 MHz

b) O comprimento de uma palavra é de 20 bits, o que inclui dados de 3 bits síncronos e 16 bits com uma paridade ímpar de 1 bit.

c) Os bits de dados/palavras são de 16 bits.

d) 1553B O comprimento da mensagem é de, no máximo, 32 palavras de dados.

e) Half-duplex é a técnica de transmissão da norma MIL STD 1553B.

f) Funcionamento assíncrono.

g) Utiliza a técnica de codificação Manchester Bi-phase II.

h) Os terminais são o Terminal Remoto (RT), o Controlador de Barramento (BC) e o Monitor de Barramento (BM).

i) N.º máximo de RT sis 31.

j) O meio de comunicação é um par entrançado e blindado.

3.3. ELEMENTOS DE HARDWARE DO 1553B

A norma MIL STD 1553B expressa certas fases relativas à conceção do sistema de barramento de dados de aviónica e das caixas negras às quais o barramento de dados de aviónica está ligado. O protocolo padrão descreve quatro elementos de hardware do 1553B, que são os seguintes

A) Meios de transmissão.

B) Terminais remotos (RT).

C) Controladores de barramento (BC).

D) Monitores de barramento (BM).

E) Terminal Hardware.

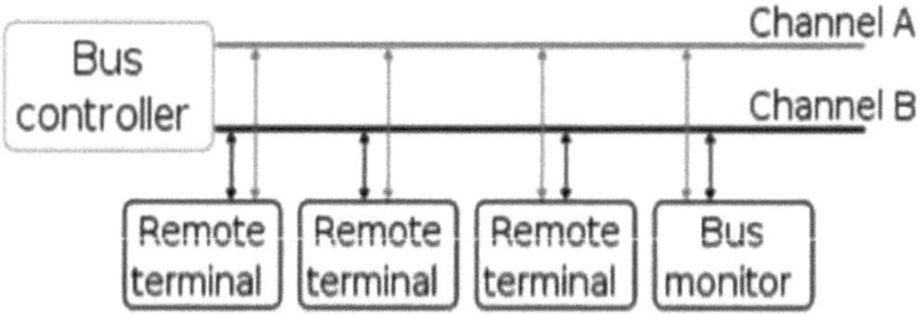

FIGURA 3.1: ELEMENTOS DE HARDWARE DO 1553B

3.3.1. O MEIO DE TRANSMISSÃO

O barramento de dados da aviónica é definido como uma linha de transmissão de par trançado e blindado que consiste no barramento de dados principal e em vários stubs. Há um stub para cada terminal ligado ao barramento de dados. O barramento de dados principal é terminado em cada extremidade com uma resistência igual à impedância caraterística do cabo (R=Z). Esta terminação faz com que o barramento de dados actue eletronicamente como um número infinito de linhas de transmissão. Opcionalmente, uma interface típica de barramento de dados 1553B apresenta todos os elementos de precisão.

3.3.2. TERMINAL REMOTO (RT):

Os terminais remotos estão bem definidos na norma de protocolo como "todos os terminais que não funcionam como controlador de bus ou como monitor de bus". Assim, se não for um controlador, um monitor ou o bus de dados principal ou o stub, é essencial que seja um terminal remoto. O terminal remoto inclui os componentes electrónicos necessários para transferir dados entre o barramento de dados e o subsistema. Para as aplicações MIL STD 1553B, o subsistema é o transmissor ou o recetor dos dados que estão a ser transmitidos. No passado, os terminais remotos eram utilizados essencialmente para converter dados analógicos e digitais de e para um esquema de dados harmonioso com o barramento de dados. Os subsistemas continuavam a ser o dispositivo de medição do sensor, que fornecia os dados, e o computador, que os utilizava. À medida que a aviónica digital se torna cada vez mais disponível, a tendência tem sido a de incorporar o terminal remoto no sensor e no computador. Atualmente, é comum que o subsistema contenha um terminal remoto incorporado.

3.3.3. CONTROLADOR DE BUS

O MIL STD 1553B é um protocolo de resposta de comando. O controlador do barramento é responsável por comandar/iniciar todas as transacções no barramento de dados. Embora vários terminais possam atuar como controlador do bus, apenas um controlador do bus pode estar ativo em qualquer momento. O controlador do barramento é o único autorizado a disputar comandos no barramento de dados. Este comando pode ser para a transferência de dados ou para o controlo dos dados e gestão do barramento de dados. Normalmente, o controlador do bus é uma função que está contida no computador de controlo. A complicação da eletrónica associada ao controlador do bus é função da interface do subsistema, da quantidade de gestão e processamento de erros a implementar e da conceção estrutural do controlador do bus.

3.3.4. MONITOR DE BARRAMENTO (BC):

Um monitor de barramento é um terminal que permite a troca de informações no barramento de dados aviónicos. A norma expressa rigorosamente a forma como os monitores de barramento podem ser utilizados, declarando que a informação obtida por um monitor de barramento deve ser utilizada "para aplicações fora de linha ou para dar ao controlador de barramento de reserva informação adequada para assumir as funções de controlador de barramento". Um monitor pode acumular todos os dados do barramento ou pode reunir dados seleccionados. A razão para limitar a sua utilização é que, embora um monitor possa reunir dados, diverge do protocolo de comando-resposta da norma, na medida em que um monitor é um dispositivo inativo que não transfere uma palavra de estado e, por isso, não pode fazer bang sobre o estado dos dados transmitidos.

3.3.5. TERMINAL DE HARDWARE DE MIL STD 1553B:

Os elementos de hardware do terminal eletrónico entre um terminal remoto, um controlador de bus e um monitor de bus não divergem muito. Tanto o terminal remoto como o controlador de bus têm de ter os transmissores/receptores e os codificadores/descodificadores para a disposição e transmissão dos dados. As necessidades em termos de transmissores/receptores e codificadores/descodificadores não diferem entre os elementos de hardware do terminal. Estes três elementos têm um certo nível de interface do subsistema e de proteção dos dados.

A principal diferença reside nas lógicas de controlo das normas de protocolo e, frequentemente, trata-se apenas de uma série diferente de orientações codificadas por microcomputadores. É comum encontrar circuitos de hardware de terminais MIL STD 1553B que também são capazes de funcionar como os três dispositivos. Atualmente, existe uma profusão de módulos "prontos a usar" a partir dos quais se pode conceber uma estação. Estes diferem desde transceptores discretos, codificadores/decodificadores e dispositivos lógicos de protocolo até um único híbrido duplo redundante que contém tudo exceto os transformadores.

3.4. NORMA DE PROTOCOLO:

Uma vez que temos algum conhecimento sobre os requisitos de hardware, as metodologias com as quais os dados podem ser transferidos são conhecidas como a norma de protocolo. O controlo, o fluxo de dados, a comunicação do estado e a gestão do barramento de dados são assegurados por três tipos de palavras, nomeadamente

3.4.1. TIPOS DE PALAVRAS

Existem três tipos diferentes de formatos de palavras descritos na norma do protocolo, nomeadamente

a) Palavra de comando

b) Palavra de estado

c) Palavra de dados

Cada tipo de palavra tem um formato distinto, mas todos os três mantêm uma estrutura comum. Cada palavra tem 20 bits de comprimento. Os primeiros 3 bits são utilizados como campo de sincronização, permitindo assim que o relógio de descodificação volte a sincronizar-se no início de cada nova palavra. Os 16 bits seguintes são o campo de dados e são diferentes entre os três tipos de palavras. O bit seguinte é o bit de paridade ímpar para a palavra única. O bit de codificação para todas as palavras é estabelecido no formato de codificação Manchester II bifásico half duplex. O formato de codificação Manchester II oferece uma forma de onda de auto-clocking em que a estrutura de bits é autónoma. Os níveis de tensão positivo e negativo da forma de onda Manchester II são equilibrados em CC e adequados para o acoplamento de transformadores.

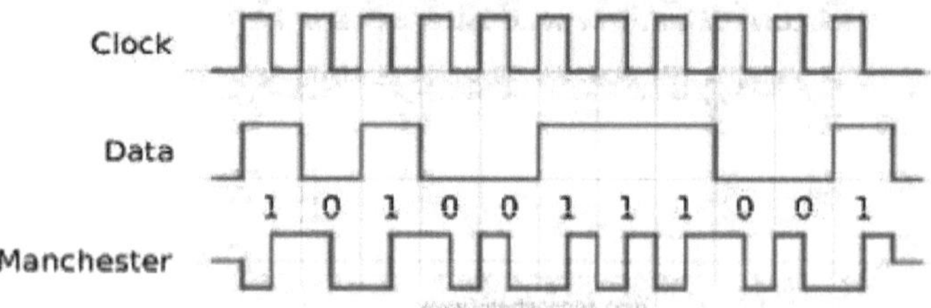

Figura 3.2: Representação da codificação Manchester Alterar o rótulo dos dados NRZ-L

A forma de onda do Manchester II é a mostrada na figura 3.2. Uma transição do sinal ocorre no centro do tempo de cada bit. Nesta técnica, o "0" lógico é um sinal que passa de um nível negativo para um nível positivo e o "1" lógico é um sinal que passa de um nível positivo para um nível negativo.

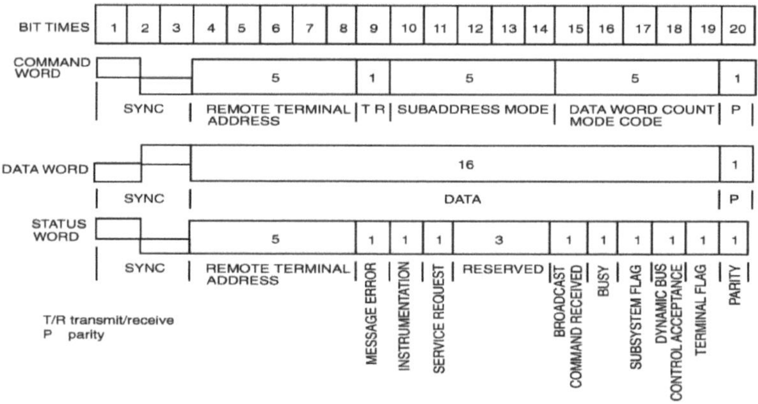

FIGURA 3.2: FORMATOS DE PALAVRAS

3.4.1. CAMPO SÍNCRONO

Os primeiros 3 tempos de bits de todos os tipos de palavras são designados por campo síncrono. A forma de onda síncrona é em si uma forma de onda Manchester ilegal, uma vez que a transição só ocorre a meio do segundo tempo de bit. A utilização desta forma diferente permite que o descodificador volte a sincronizar no início de cada palavra recebida e preserva a força total das transmissões. São utilizadas duas formas síncronas distintas: a síncrona de comando/status e a síncrona de dados. O comando/estado síncrono tem uma tensão de nível positivo de 0 a 3/2 bits e depois converte para uma tensão de nível negativo de 3/2 a 3 bits. O síncrono de dados é o conflito, uma tensão de nível negativo dos tempos de 0 a 3/2 bits e depois uma tensão de nível positivo dos tempos de 3/2 a 3 bits.

3.4.1.2. PALAVRA DE COMANDO (CW):

A palavra de comando (CW) postula a função que um terminal remoto deve realizar. O controlador do bus ativo transmite a palavra de comando. A palavra inicia-se com um comando síncrono nos primeiros 3 bits. O seguinte é uma palavra de comando de 16 bits e paridade ímpar de 1 bit.

3.4.1.3. PALAVRA DE ESTADO (SW):

O terminal remoto, em resposta a uma mensagem legal, transfere uma palavra de estado. A palavra de estado é utilizada para enviar ao controlador do barramento se uma mensagem foi corretamente recebida ou para transferir o estado do terminal remoto, como pedido de serviço, ocupado, etc.

3.4.1.4. PALAVRA DE DADOS (DW):

A palavra de dados contém a informação real que é efetivamente transferida numa mensagem. O primeiro tempo de 3 bits tem dados síncronos. O padrão de sincronização dos dados é o inverso do utilizado para as palavras de comando e as palavras de estado e, por conseguinte, é distintivo do tipo de palavra. As palavras de dados podem ser transmitidas quer por um terminal remoto, ou seja, por um comando de trânsito, quer por um controlador de barramento, ou seja, por um comando de receção. Por conseguinte, Transmitir e Receber por resolução referem-se ao terminal remoto.

CAPÍTULO 4

ANÁLISE DA POTÊNCIA E RESULTADOS

A conceção do codificador e do descodificador baseia-se nas seguintes características MIL STD 1553B

a) A velocidade dos dados é de 1 MHz

b) O comprimento da palavra é de 20 bits, o que inclui uma palavra de dados síncrona de 3 bits e 16 bits com uma paridade ímpar de 1 bit.

c) Bits de dados/Palavras is16 bits

d) Utiliza a técnica de codificação bifásica Manchester

Para conceber o codificador e o descodificador, são utilizados os seguintes passos

a) É desenhado um diagrama de estados para o codificador codificar dados paralelos binários de 16 bits para dados em série codificados por Manchester.

b) Utilizando o diagrama de estados, é escrito um código VHDL para o codificador, que é verificado e simulado utilizando um banco de ensaios

c) O diagrama de blocos é desenhado para descodificar os dados codificados e desenhar o diagrama de estados para ler os dados codificados e descodificá-los

d) É escrito um código VHDL para o descodificador, que é verificado e simulado utilizando um banco de ensaios.

4.1. DISSIPAÇÃO DE POTÊNCIA PARA ESCALONAMENTO TÉRMICO E DE FREQUÊNCIA

Todos os tipos de valores de potência são ocupados e a saída é examinada de forma semelhante. Toda a dissipação de potência é tabelada e verificamos que, com o aumento dos valores da temperatura ambiente, a potência do relógio, a potência lógica, a potência do sinal, a potência de E/S, a potência de fuga, para além da dissipação total de potência, aumenta. Assim, para obter o menor consumo e a maior eficiência, o valor da temperatura ambiente pode ser reservado o mais reduzido possível. O nosso objetivo é obter essa combinação de considerações que garanta a utilização mínima e mais capaz dos recursos.

Fig. 4.1: Análise de potência no chip efectuada nestes elementos de potência

Tabela 4.1: Dissipação de potência quando o período de pulso do relógio é de 01ns

Temperatura ambiente (em C)	Relógios Potência (W)	Potência lógica (W)	Sinais Potência (W)	Potência de IOs (W)	Potência de fuga (W)	Potência total (W)
0	0.035	0.005	0.004	0.835	0.016	0.895
10	0.035	0.005	0.004	0.835	0.020	0.899
20	0.035	0.005	0.004	0.835	0.025	0.904
30	0.035	0.005	0.004	0.835	0.032	0.911
40	0.035	0.005	0.004	0.835	0.041	0.920
50	0.035	0.005	0.004	0.835	0.052	0.931

Verifica-se uma diminuição de 69,23% , 61,53% , 51,92% , 38,46% e 21,15% na potência de fuga à medida que a temperatura ambiente é reduzida de 50 (C) para 0, 10, 20, 30, 40 (C), respetivamente. O consumo total de energia reduz-se numa percentagem de 03,86%, 03,43%, 02,90%, 02,14% e 01,18% à medida que o nível de temperatura desce de 50 (C) para 0,10,20,30, 40 (C), respetivamente, como mostra a Tabela: 4.1.035W e IOs Power(W) que é um valor constante 0.835W quando a temperatura ambiente aumenta de 0(C) para 50(C). E aqui 0.005W Logic Power(W) e 0.004W Signal Power(W) foram consumidos pelos circuitos quando a temperatura ambiente aumenta de 0(C) para 50 (C).

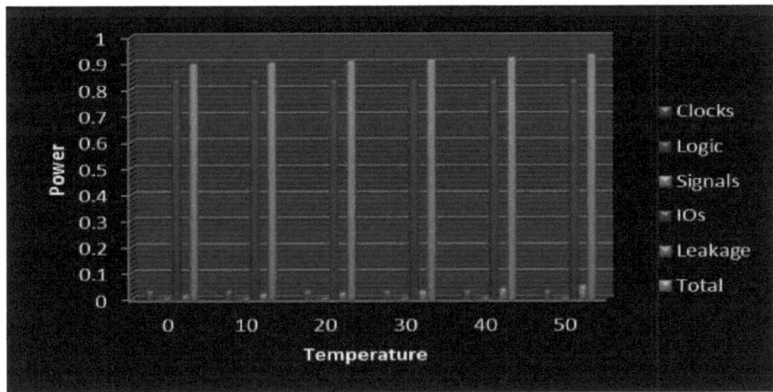

Figura 4.2: Gráfico da dissipação de potência quando o período de pulso do relógio é de 01ns

Tabela 4.2: Dissipação de potência quando o período de pulso do relógio é de 05ns

Temperatura	Relógios	Potência	Sinais	Potência IOs	Potência de	Potência total

ambiente (em C)	Potência (W)	lógica (W)	Potência (W)	(W)	fuga (W)	(W)
0	0.007	0.001	0.001	0.167	0.010	0.186
10	0.007	0.001	0.001	0.167	0.012	0.188
20	0.007	0.001	0.001	0.167	0.014	0.190
30	0.007	0.001	0.001	0.167	0.017	0.194
40	0.007	0.001	0.001	0.167	0.021	0.198
50	0.007	0.001	0.001	0.167	0.027	0.203

Verifica-se uma diminuição de 62,96% , 55,55% , 48,14% , 37,03% e 22,22% na potência de fuga à medida que a temperatura ambiente é reduzida de 50 (C) para 0, 10, 20, 30, 40 (C) graus Celsius, respetivamente. O consumo total de energia reduz-se numa percentagem de 08,37%, 07,38%, 06,40%, 04,43% e 02,46% à medida que o nível de temperatura desce de 50 (C) para 0, 10, 20, 30, 40 (C), respetivamente, conforme a Tabela: 4.2.007W e 10s Power(W) que é um valor constante de 0.167W quando a temperatura ambiente aumenta de 0(C) para 50(C). E aqui 0.001W Logic Power(W) e Signal Power(W) foram consumidos pelos circuitos quando a temperatura ambiente aumenta de 0(C) para 50(C).

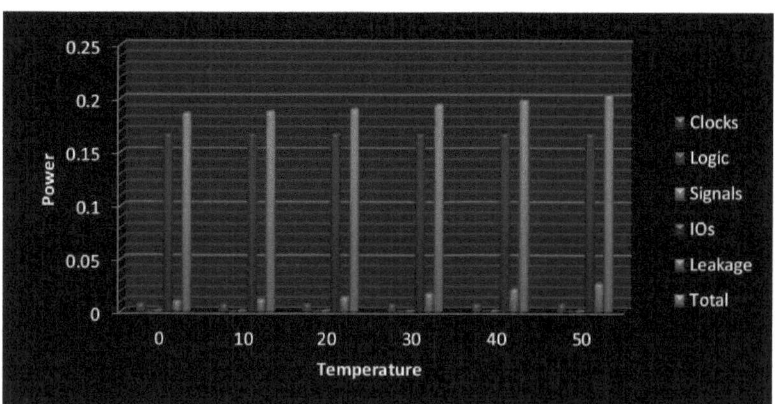

Figura 4.3: Gráfico da dissipação de potência quando o período do pulso de clock é de 05ns

Tabela 4.3: Dissipação de potência quando o período de pulso do relógio é de 10ns

Temperatura ambiente (em C)	Relógios Potência (W)	Potência lógica (W)	Sinais Potência (W)	Potência de IOs (W)	Potência de fuga (W)	Potência total (W)
0	0.004	0.001	0.000	0.084	0.009	0.098
10	0.004	0.001	0.000	0.084	0.011	0.099
20	0.004	0.001	0.000	0.084	0.013	0.101
30	0.004	0.001	0.000	0.084	0.016	0.104
40	0.004	0.001	0.000	0.084	0.020	0.108

| 50 | 0.004 | 0.001 | 0.000 | 0.084 | 0.025 | 0.113 |

Verifica-se uma diminuição de 64,00% , 56,00% , 48,00% , 36,00% e 20,00% na potência de fuga à medida que a temperatura ambiente é reduzida de 50 (C) para 0, 10, 20, 30, 40 (C) graus Celsius, respetivamente. O consumo total de energia reduz-se numa percentagem de 13,27%, 12,38%, 10,61%, 07,96% e 04,42% à medida que o nível de temperatura desce de 50 (C) para 0, 10,20,30, 40 (C), respetivamente, como mostra a Tabela: 4.3.004W e IOs Power(W) que é um valor constante 0.084W quando a temperatura ambiente aumenta de 0(C) para 50(C).e aqui 0.001W Logic Power(W) e nenhum Signal Power(W) foi consumido pelos circuitos quando a temperatura ambiente aumenta de 0(C) para 50(C).

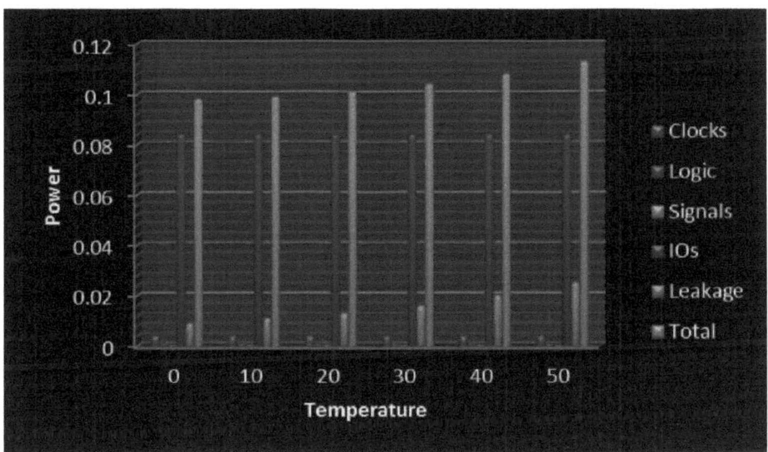

Figura 4.4: Gráfico de dissipação de potência quando o período de pulso do relógio é de 10ns

Tabela 4.4: Dissipação de potência quando o período de pulso do relógio é de 15ns

Temperatura ambiente (em C)	Relógios Potência (W)	Potência lógica (W)	Sinais Potência (W)	IOs Potência (W)	Potência de fuga (W)	Potência total (W)
0	0.003	0.000	0.000	0.056	0.009	0.068
10	0.003	0.000	0.000	0.056	0.011	0.070
20	0.003	0.000	0.000	0.056	0.013	0.072
30	0.003	0.000	0.000	0.056	0.016	0.075
40	0.003	0.000	0.000	0.056	0.019	0.078
50	0.003	0.000	0.000	0.056	0.024	0.083

Verifica-se uma diminuição de 62,50% , 54,16% , 45,83% , 33,33% e 20,83% na potência de fuga à medida que a temperatura ambiente é reduzida de 50 (C) para 0, 10, 20, 30, 40 (C) graus Celsius, respetivamente. O consumo total de energia reduz-se numa percentagem de

18,07%, 15,66%, 13,25%, 09,63% e 06,02% à medida que o nível de temperatura desce de 50 (C) para 0, 10, 20, 30, 40 (C), respetivamente, conforme a Tabela: 4.4.003W e IOs Power(W) que é um valor constante 0.056W quando a temperatura ambiente aumenta de 0(C) para 50(C).e aqui nenhuma potência lógica(W) e nenhuma potência de sinal(W) foi consumida pelos circuitos quando a temperatura ambiente aumenta de 0(C) para 50(C).

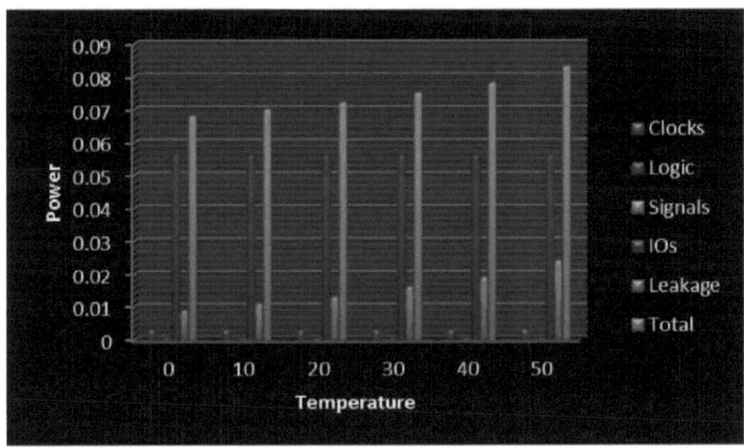

Figura 4.5: Gráfico da dissipação de potência quando o período de pulso do relógio é de 15ns

Tabela 4.5: Dissipação de potência quando o período de pulso do relógio é de 20ns

Temperatura ambiente (em C)	Relógios Potência (W)	Potência lógica (W)	Sinais Potência (W)	Potência de IOs (W)	Potência de fuga (W)	Potência total (W)
0	0.002	0.000	0.000	0.042	0.009	0.053
10	0.002	0.000	0.000	0.042	0.011	0.055
20	0.002	0.000	0.000	0.042	0.013	0.057
30	0.002	0.000	0.000	0.042	0.016	0.060
40	0.002	0.000	0.000	0.042	0.019	0.063
50	0.002	0.000	0.000	0.042	0.024	0.068

Verifica-se uma diminuição de 62,50% , 54,16% , 45,83% , 33,33% e 20,83% na potência de fuga à medida que a temperatura ambiente é reduzida de 50 (C) para 0, 10, 20, 30, 40 (C) graus Celsius, respetivamente. O consumo total de energia é reduzido numa percentagem de 22,05%, 19,11%, 16,17%, 11,76% e 07,35% à medida que o nível de temperatura desce de 50 (C) para 0, 10, 20, 30, 40 (C), respetivamente, como mostra a Tabela: 4.5.002W e IOs Power(W) que é um valor constante 0.042W quando a temperatura ambiente aumenta de 0(C) para 50(C).e aqui nenhuma potência lógica(W) e nenhuma potência de sinal(W) foi consumida pelos circuitos quando a temperatura ambiente aumenta de 0(C) para 50(C).

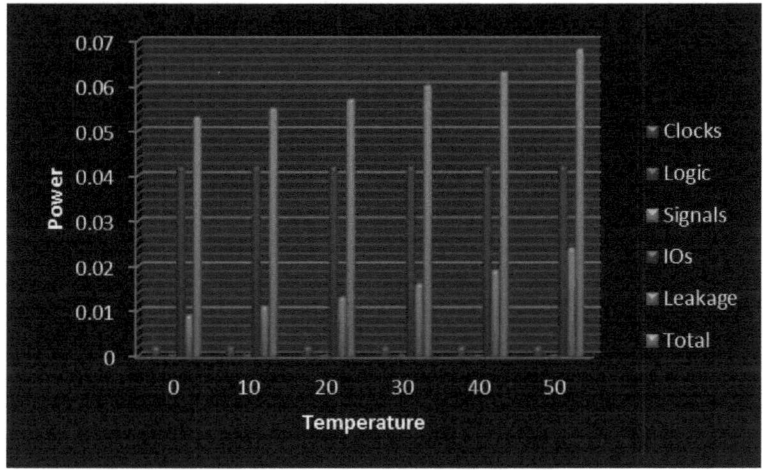

Figura 4.6: Gráfico de dissipação de potência quando o período do pulso de clock é de 20ns

Tabela 4.6: Dissipação de potência quando o período de pulso do relógio é de 1000ns

Temperatura ambiente (em C)	Relógios Potência (W)	Potência lógica (W)	Sinais Potência (W)	Potência de IOs (W)	Potência de fuga (W)	Potência total (W)
0	0.001	0.000	0.000	0.001	0.009	0.010
10	0.001	0.000	0.000	0.001	0.011	0.012
20	0.001	0.000	0.000	0.001	0.012	0.014
30	0.001	0.000	0.000	0.001	0.015	0.016
40	0.001	0.000	0.000	0.001	0.018	0.020
50	0.001	0.000	0.000	0.001	0.023	0.024

Verifica-se uma diminuição de 60,86% , 52,17% , 47,82% , 34,78% e 21,73% na potência de fuga à medida que a temperatura ambiente é reduzida de 50 (C) para 0, 10, 20, 30, 40 (C) graus Celsius, respetivamente. O consumo total de energia reduz-se numa percentagem de 58,33%, 50,00%, 41,66%, 33,33% e 16,66% à medida que o nível de temperatura desce de 50 (C) para 0, 10, 20, 30, 40 (C), respetivamente, conforme a Tabela: 4.6.001W e IOs Power(W) que é um valor constante 0.001W quando a temperatura ambiente aumenta de 0(C) para 50(C). E aqui nenhuma potência lógica(W) e nenhuma potência de sinal(W) foi consumida pelos circuitos quando a temperatura ambiente aumenta de 0(C) para 50(C).

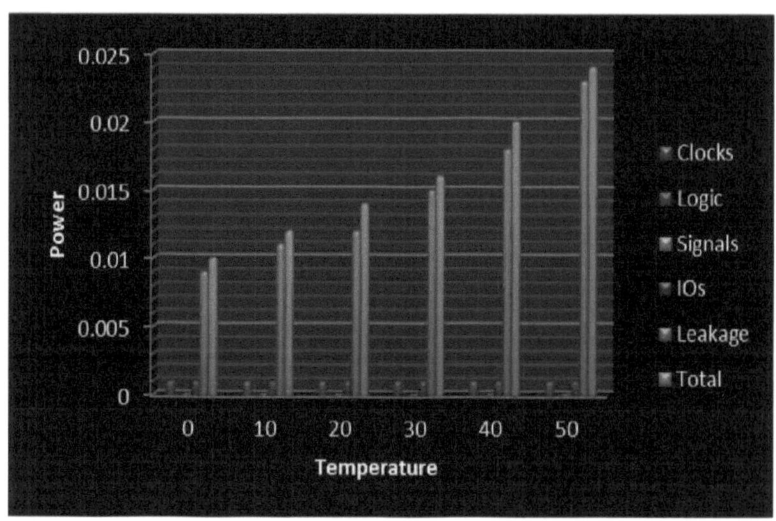

Figura 4.7: Gráfico da dissipação de potência quando o período de pulso do relógio é de 1000ns

4.2. DISSIPAÇÃO DE POTÊNCIA DE DIFERENTES IOs NORMAIS EM FREQUÊNCIA DIFERENTE

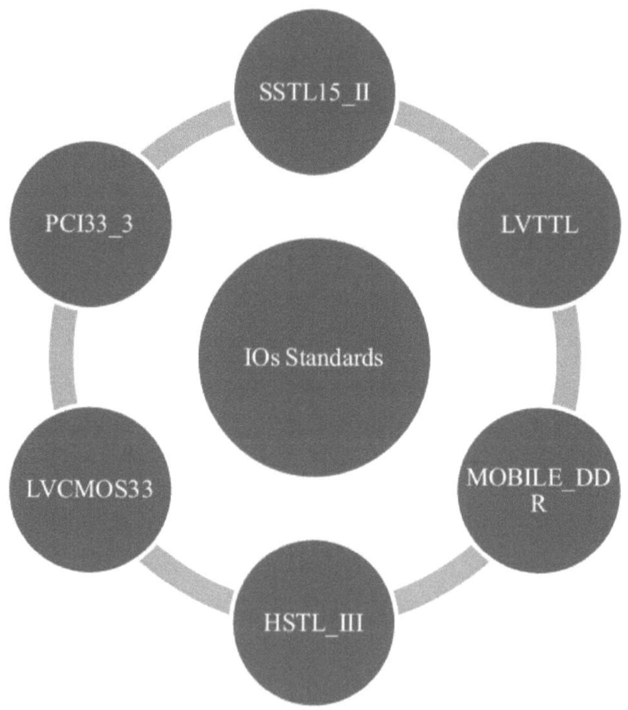

Figura 4.8: Diferentes tipos de normas de OI tomadas em consideração

Tabela 4.7: Dissipação de energia de IOs padrão PCI33 3 em diferentes frequências

Frequência (em GHz)	Relógios Potência (W)	Potência lógica (W)	Sinais Potência (W)	Potência de IOs (W)	Potência de fuga (W)	Potência total (W)
0.001	0.001	0	0	0.001	0.015	0.016
0.01	0.001	0	0	0.012	0.015	0.027
0.1	0.004	0	0	0.118	0.016	0.139
1	0.037	0.005	0.004	1.182	0.04	1.267
10	0.39	0.031	0.043	11.815	0.053	12.331

Há uma queda de 99,74%, 99,74%, 98,97% e 90,51% na potência do relógio quando reduzimos a frequência de 10GHz para 0,001GHz, 0,01GHz, 0,1GHz e 1GHz, respetivamente, e há uma queda de 100%, 100%, 100% e 83,87% na potência lógica quando reduzimos a frequência de 10GHz para 0,001GHz, 0,01GHz, 0,1GHz e 1GHz, respetivamente. Há uma queda de 100%, 100%, 100% e 90,69% na potência dos sinais quando reduzimos a frequência de 10GHz para 0,001GHz, 0,01GHz, 0,1GHz e 1GHz, respetivamente. Há uma diminuição de 99,99%, 99,89%, 99,00% e 89,99% na potência de IOs quando reduzimos a frequência de 10GHz para 0,001GHz, 0,01GHz, 0,1GHz e 1GHz, respetivamente. Há uma diminuição de 71,69%, 71,69%, 69,81% e 24,52% na potência de fuga quando reduzimos a frequência de 10GHz para 0,001GHz, 0,01GHz, 0,1GHz e 1GHz, respetivamente. Há uma diminuição de 99,87%, 99,78%, 98,87% e 89,72% na potência total quando reduzimos a frequência de 10GHz para 0,001GHz, 0,01GHz, 0,1GHz e IGHz, respetivamente.

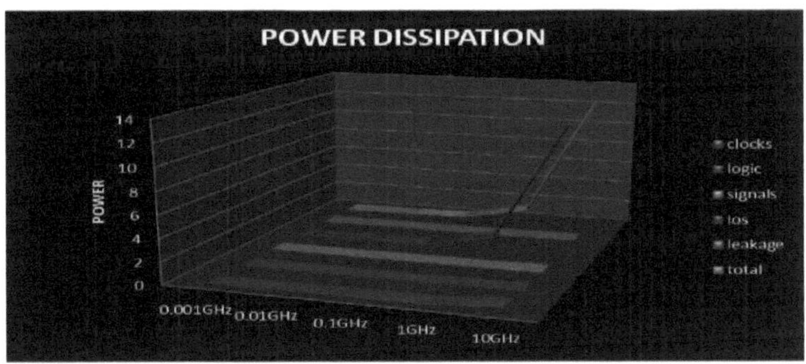

Figura 4.9: Dissipação de potência de IOs padrão PCI33_3 em diferentes frequências

Tabela 4.8: Dissipação de potência dos IOs padrão SSTL15II em diferentes frequências

Frequência (em GHz)	Relógios Potência (W)	Potência lógica (W)	Sinais Potência (W)	Potência de IOs (W)	Potência de fuga (W)	Potência total (W)
0.001	0.001	0	0	0.132	0.014	0.147
0.01	0.001	0	0	0.134	0.014	0.149
0.1	0.004	0.001	0	0.149	0.014	0.168
1	0.033	0.005	0.003	0.302	0.017	0.359
10	0.311	0.030	0.027	1.829	0.051	2.249

Há uma diminuição de 99,67%, 99,67%, 98,71% e 89,38% na potência do relógio quando reduzimos a frequência de 10 GHz para 0,001 GHz, 0,01 GHz, 0,1 GHz e 1 GHz, respetivamente. E há uma queda de 100%, 100%, 96,66% e 83,33% na potência lógica quando reduzimos a frequência de 10GHz para 0,001GHz, 0,01GHz, 0,1GHz e 1GHz, respetivamente. Há uma queda de 100%, 100%, 100% e 88,88% na potência dos sinais quando reduzimos a frequência de 10GHz para 0,001GHz, 0,01GHz, 0,1GHz e 1GHz, respetivamente. Há uma diminuição de 92,78%, 92,67%, 91,85% e 83,48% na potência de IOs quando reduzimos a frequência de 10GHz para 0,001GHz, 0,01GHz, 0,1GHz e 1GHz, respetivamente. Há uma diminuição de 72,54%, 72,54%, 72,54% e 66,66% na potência de fuga quando reduzimos a frequência de 10GHz para 0,001GHz, 0,01GHz, 0,1GHz e 1GHz, respetivamente. Há uma diminuição de 93,46%, 93,37%, 92,53% e 84,03% na potência total quando reduzimos a frequência de 10GHz para 0,001GHz, 0,01GHz, 0,1GHz e IGHz, respetivamente.

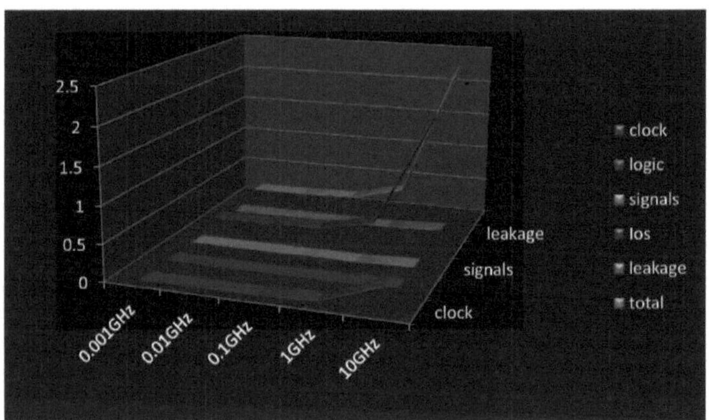

Fig 4.10: Dissipação de potência dos IOs padrão SSTL15 II em diferentes frequências
Tabela 4.9: Dissipação de potência de IOs LVTTL padrão em diferentes frequências

Frequência (em GHz)	Relógios Potência (W)	Potência lógica (W)	Sinais Potência (W)	Potência de IOs (W)	Potência de fuga (W)	Potência total (W)
0.001	0.001	0	0	0.001	0.015	0.016
0.01	0.001	0	0	0.013	0.015	0.028
0.1	0.004	0.001	0	0.127	0.016	0.148
1	0.031	0.005	0.003	1.271	0.043	1.354
10	0.352	0.030	0.037	12.741	0.053	13.185

Verifica-se uma diminuição de 99,71%, 99,71%, 98,86% e 91,19% na potência do relógio quando reduzimos a frequência de 10 GHz para 0,001 GHz, 0,01 GHz, 0,1 GHz e 1 GHz, respetivamente. Há uma queda de 100%, 100%, 96,66% e 83,33% na potência lógica quando reduzimos a frequência de 10GHz para 0,001GHz, 0,01GHz, 0,1GHz e 1GHz, respetivamente. Há uma queda de 100%, 100%, 100% e 91,89% na potência dos sinais quando reduzimos a frequência de 10 GHz para 0,001 GHz, 0,01 GHz, 0,1 GHz e 1 GHz, respetivamente. Há uma diminuição de 99,99%, 99,89%, 99,00% e 90,02% na potência de IOs quando reduzimos a frequência de 10GHz para 0,001GHz, 0,01GHz, 0,1GHz e 1GHz, respetivamente. Há uma diminuição de 71,69%, 71,69%, 69,81% e 18,86% na potência de fuga quando reduzimos a frequência de 10 GHz para 0,001 GHz, 0,01 GHz, 0,1 GHz e 1 GHz, respetivamente. Há uma diminuição de 99,87%, 99,78%, 98,87% e 89,73% na potência total quando reduzimos a frequência de 10GHz para 0,001GHz, 0,01GHz, 0,1GHz e IGHz, respetivamente.

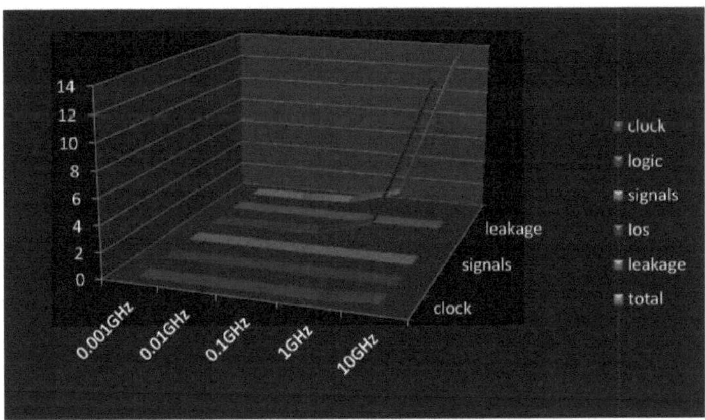

Figura 4.11: Dissipação de potência de IOs LVTTL padrão em diferentes frequências
Tabela 4.10: Dissipação de energia de IOs DDR móvel padrão em diferentes frequências

Frequência (em GHz)	Relógios Potência (W)	Potência lógica (W)	Sinais Potência (W)	Potência de IOs (W)	Potência de fuga (W)	Potência total (W)
0.001	0.001	0	0	0.127	0.014	0.142
0.01	0.001	0	0	0.130	0.014	0.145
0.1	0.004	0.001	0	0.154	0.015	0.173
1	0.037	0.005	0.005	0.393	0.018	0.457
10	0.370	0.031	0.038	2.782	0.051	3.273

Há uma diminuição de 99,72%, 99,72%, 98,91% e 90,00% na potência do relógio quando reduzimos a frequência de 10 GHz para 0,001 GHz, 0,01 GHz, 0,1 GHz e 1 GHz, respetivamente. Há uma diminuição de 100%, 100%, 96,77% e 83,87% na potência lógica quando reduzimos a frequência de 10 GHz para 0,001 GHz, 0,01 GHz, 0,1 GHz e 1 GHz, respetivamente. Há uma queda de 100%, 100%, 100% e 86,84% na potência dos sinais quando reduzimos a frequência de 10GHz para 0,001GHz, 0,01GHz, 0,1GHz e 1GHz, respetivamente. Há uma diminuição de 95,43%, 95,32%, 94,46% e 85,87% na potência de IOs quando reduzimos a frequência de 10GHz para 0,001GHz, 0,01GHz, 0,1GHz e 1GHz, respetivamente. Há uma diminuição de 72,54%, 72,54%, 70,58% e 64,70% na potência de fuga quando reduzimos a frequência de 10GHz para 0,001GHz, 0,01GHz, 0,1GHz e 1GHz, respetivamente. Há uma diminuição de 95,66%, 95,56%, 94,71% e 86,03% na potência total quando reduzimos a frequência de 10GHz para 0,001GHz, 0,01GHz, 0,1GHz e IGHz, respetivamente.

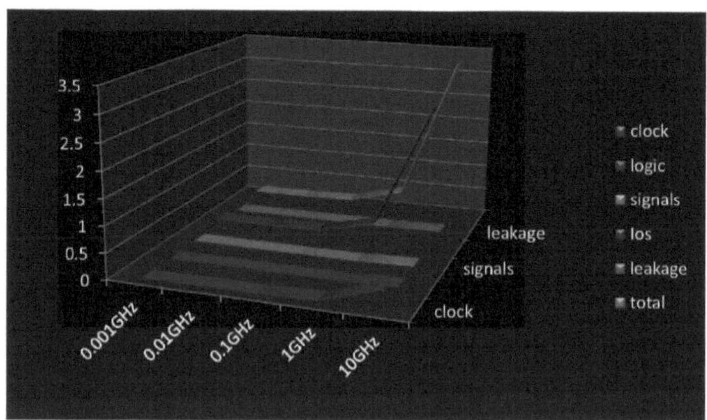

Fig 4.12: Dissipação de potência de IOs padrão MOBILE_DDR em diferentes frequências

Tabela 4.11: Dissipação de potência dos IOs da norma HSTL_III a diferentes frequências

Frequência (em	Relógios	Potência	Sinais	Potência de	Potência de	Potência total

GHz)	Potência (W)	lógica (W)	Potência (W)	IOs (W)	fuga (W)	(W)
0.001	0.001	0	0	0.273	0.016	0.289
0.01	0.001	0	0	0.275	0.016	0.292
0.1	0.004	0	0	0.296	0.016	0.317
1	0.042	0.004	0.004	0.504	0.020	0.574
10	0.409	0.027	0.035	2.582	0.051	3.104

Verifica-se uma diminuição de 99,75%, 99,75%, 99,02% e 89,73% na potência do relógio quando reduzimos a frequência de 10 GHz para 0,001 GHz, 0,01 GHz, 0,1 GHz e 1 GHz, respetivamente. Há uma queda de 100%, 100%, 100% e 85,18% na potência lógica quando reduzimos a frequência de 10GHz para 0,001GHz, 0,01GHz, 0,1GHz e 1GHz, respetivamente. Há uma queda de 100%, 100%, 100% e 88,57% na potência dos sinais quando reduzimos a frequência de 10GHz para 0,001GHz, 0,01GHz, 0,1GHz e 1GHz, respetivamente. Há uma diminuição de 89,42%, 89,34%, 88,53% e 80,48% na potência de IOs quando reduzimos a frequência de 10GHz para 0,001GHz, 0,01GHz, 0,1GHz e 1GHz, respetivamente. Há uma diminuição de 68,62%, 68,62%, 68,62% e 60,78% na potência de fuga quando reduzimos a frequência de 10GHz para 0,001GHz, 0,01GHz, 0,1GHz e 1GHz, respetivamente. Há uma diminuição de 90,68%, 90,59%, 89,78% e 81,50% na potência total quando reduzimos a frequência de 10GHz para 0,001GHz, 0,01GHz, 0,1GHz e IGHz, respetivamente.

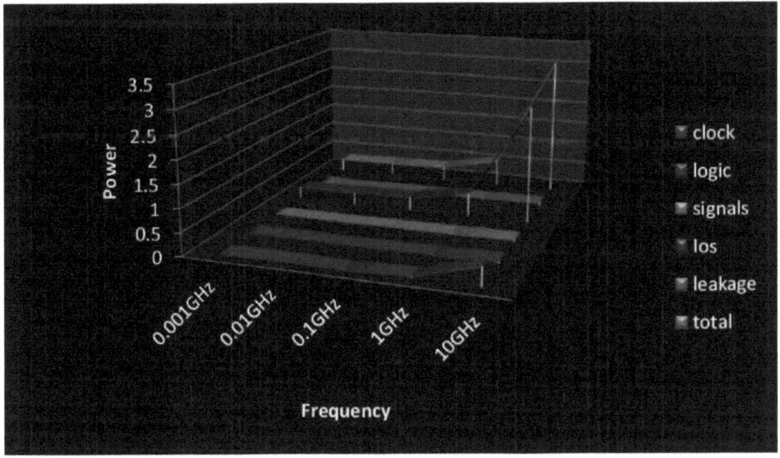

Fig 4.13: Dissipação de potência dos IOs padrão HSTL_III em diferentes frequências
Tabela 4.12: Dissipação de potência dos IOs StandardLVCMOS33 a diferentes frequências

Frequência (em GHz)	Relógios Potência (W)	Potência lógica (W)	Sinais Potência (W)	Potência de IOs (W)	Potência de fuga (W)	Potência total (W)
0.001	0.001	0	0	0.001	0.015	0.016
0.01	0.001	0	0	0.013	0.015	0.028
0.1	0.004	0	0	0.127	0.016	0.148
1	0.034	0.004	0.003	1.271	0.043	1.356
10	0.340	0.028	0.025	12.712	0.053	13.158

Verifica-se uma diminuição de 99,70%, 99,70%, 98,82% e 90,00% na potência do relógio quando reduzimos a frequência de 10 GHz para 0,001 GHz, 0,01 GHz, 0,1 GHz e 1 GHz, respetivamente. Há uma queda de 100%, 100%, 100% e 85,71% na potência lógica quando reduzimos a frequência de 10GHz para 0,001GHz, 0,01GHz, 0,1GHz e 1GHz, respetivamente. Há uma diminuição de 100%, 100%, 100% e 88,00% na potência dos sinais quando reduzimos a frequência de 10 GHz para 0,001 GHz, 0,01 GHz, 0,1 GHz e 1 GHz, respetivamente. Há uma diminuição de 99,99%, 99,89%, 99,00% e 90,00% na potência de IOs quando reduzimos a frequência de 10GHz para 0,001GHz, 0,01GHz, 0,1GHz e 1GHz, respetivamente. Há uma diminuição de 71,69%, 71,69%, 69,81% e 18,86% na potência de fuga quando reduzimos a frequência de 10 GHz para 0,001 GHz, 0,01 GHz, 0,1 GHz e 1 GHz, respetivamente. Há uma diminuição de 99,87%, 99,78%, 98,87% e 89,69% na potência total quando reduzimos a frequência de 10GHz para 0,001GHz, 0,01GHz, 0,1GHz e IGHz, respetivamente.

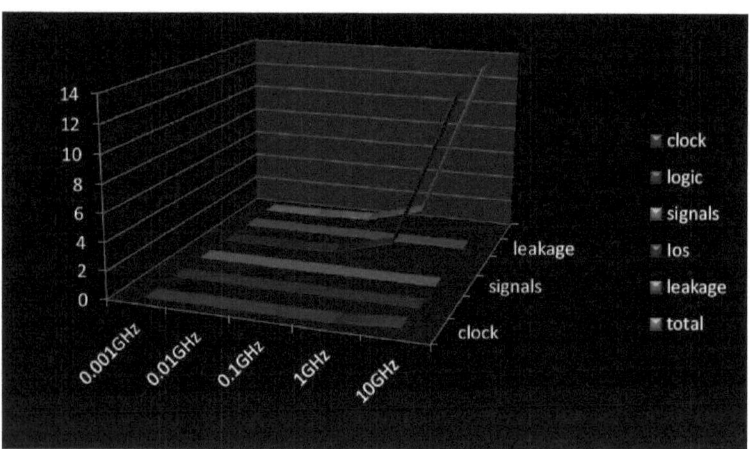

Figura 4.14: Dissipação de potência dos IOs StandardLVCMOS33 a diferentes frequências

4.3. DISSIPAÇÃO DE POTÊNCIA COM DIFERENTES CAPACITÂNCIAS

A capacitância de um dispositivo é diretamente proporcional à potência consumida pelo circuito. A potência da carga de saída é a soma da potência de capacitância do pino e da potência de capacitância do dispositivo. É a dignificação em Pico Farad (pF). Tomámos em consideração 3 potências de carga de saída diferentes. Que tem 5, 50 e 500 pF, como mostra a figura: 4.15 Como a potência é diretamente proporcional à capacitância, o consumo de energia é máximo com 500 pF e mínimo com 5 pF.

Figura 4.15: Diferentes capacitâncias tomadas em consideração

Tabela 4.13: Consumo de energia se a capacitância for 5pF

Frequência (GHz)	Potência de IOs (W)	Potência de fuga (W)	Temp. de junção (c)
0.001	0.001	0.014	25.6
0.01	0.008	0.014	25.9
0.1	0.084	0.015	29.0
1	0.835	0.028	59.9

Verifica-se uma diminuição de 99,88%, 99,04% e 89,94% na potência de IOs e uma diminuição de 50,00%, 50,00% e 46,42% na potência de fuga quando reduzimos a capacitância de IGz para 0,001, 0,01 e 0,1 GHz, respetivamente.

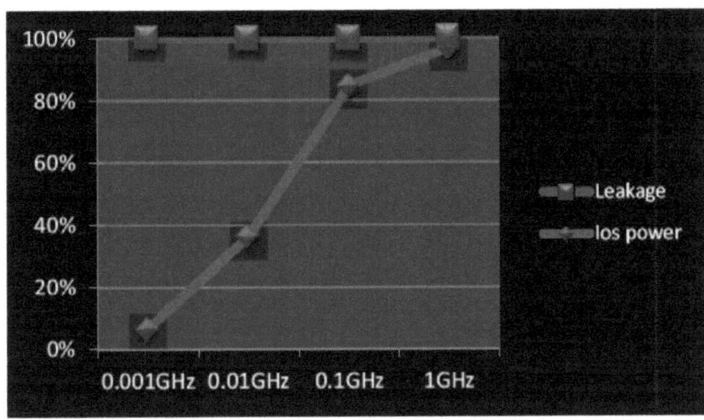

Figura 4.16: Gráfico da dissipação de potência quando a capacitância é de 5pF

Tabela 4.14: Consumo de energia se a capacitância for 50pF

Frequência (GHz)	Potência de IOs (W)	Potência de fuga (W)	Temp. de junção (c)
0.001	0.002	0.014	25.6
0.01	0.023	0.014	26.4
0.1	0.225	0.016	34.5
1	2.252	0.052	115.2

Verifica-se uma diminuição da potência de 99,91%, 98,97% e 90,00% na potência de IOs e uma diminuição da potência de fuga de 73,07%, 73,07% e 69,23% quando reduzimos a capacitância de IGz para 0,001, 0,01 e 0,1 GHz, respetivamente.

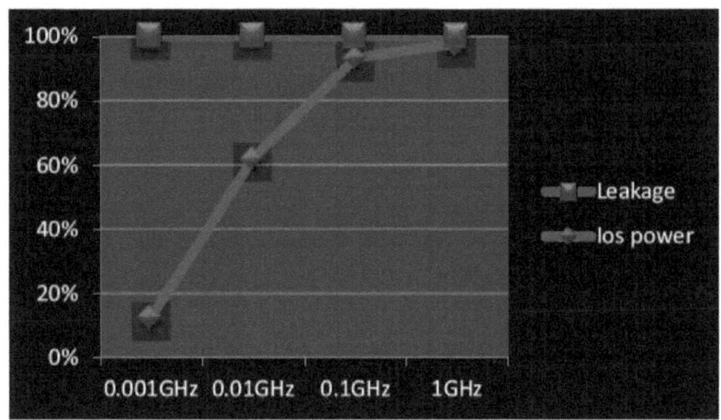

Figura 4.17: Gráfico da dissipação de potência quando a capacitância é 50pF

Tabela 4.15: Consumo de energia se a capacitância for 500pF

Frequência (GHz)	Potência de IOs (W)	Potência de fuga (W)	Temp. de junção (c)
0.001	0.016	0.014	26.2
0.01	0.164	0.015	31.9
0.1	1.642	0.052	90.2
1	16.419	0.052	125.0

Verifica-se uma redução de 99,90%, 99,00% e 89,99% na potência de IOs e uma redução de 73,07%, 71,15% e 00,00% na potência de fuga quando reduzimos a capacitância de IGz para 0,001, 0,01 e 0,1 GHz, respetivamente.

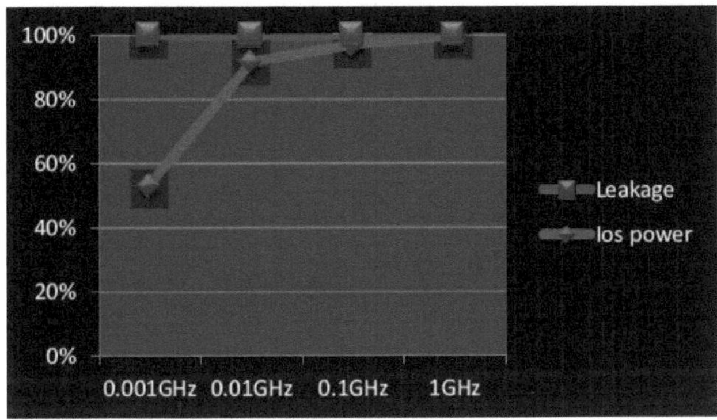

Figura 4.18: Gráfico da dissipação de potência quando a capacitância é 500pF

4.4. RESUMO DA CONCEPÇÃO

4.4.1. UTILIZAÇÃO DO DISPOSITIVO

A conceção definida na secção anterior foi gerada por computador utilizando o Model Sim. O sistema proposto funcionou eficazmente no sistema de barramento aviónico MIL STD 1553B, que permite a transmissão de informações entre BC e RT na técnica de codificação bifásica Manchester II. Por conseguinte, obtém-se um resultado de ensaio idêntico aos diagramas de tempo previsíveis. Nessa altura, o projeto é criado utilizando o Xilinx ISE. O sistema objetivo selecionado foi uma família de FPGA Xilinx Spartan II (xc2s200-5pq208). Por fim, os fluxos de bits resultantes foram levados para a plataforma FPGA, a fim de validar o projeto, tendo sido obtidos resultados previsíveis. O resumo da utilização do dispositivo objetivo pelo projeto é apresentado na tabela 4.16. O quadro 4.16 mostra claramente que apenas 7% das LUT existentes no dispositivo objetivo são ocupadas pela conceção proposta. Assim, este projeto proporciona implementações eficientes em termos de área para o sistema de barramento MIL STD 1553B, incluindo o controlador de protocolo para BC e RT, o codificador e descodificador Manchester e os módulos de memória necessários. Em comparação com muitas outras concepções disponíveis no mercado, a utilização da área da conceção proposta é comparativamente muito menor, o que pode ser considerado uma vantagem. O sistema concebido é implementado num kit FPGA Spartan 6. A partir da utilização do dispositivo obtida, é evidente que a área de utilização de todo o sistema é menor.

Utilização da lógica	Usado	Disponível	Utilização
Número de registos de fatias	107	4800	2%

Número de LUTs de fatia	191	2400	7%
Número de pares LUT-FF totalmente utilizados	102	196	52%
Número de IOBs vinculados	48	102	47%
Número de BUFG/BUFGCTRLs	1	16	6%

Tabela 4.16. Resumo da utilização do design do dispositivo (valor estimado)

4.4.2. CONCEPÇÃO DO CODIFICADOR:

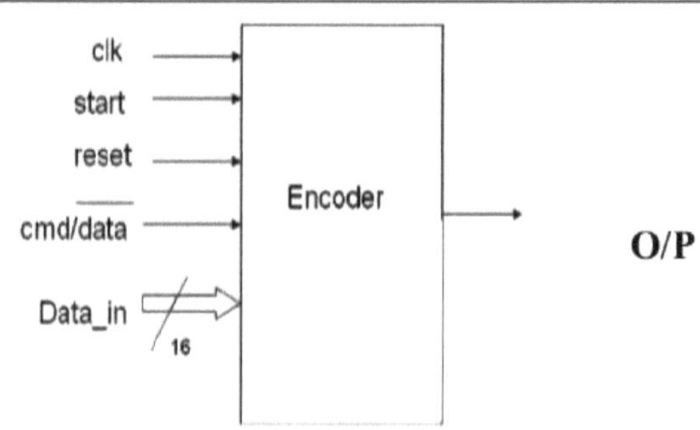

FIGURA 4.19: DIAGRAMA DE BLOCOS DO CODIFICADOR

A figura mostra o diagrama de E/S do codificador Manchester para a norma MIL-STD-1553. As funções dos vários pinos de E/S são detalhadas abaixo:

a) RESET: Esta é uma entrada ativa baixa. Toda a lógica é reiniciada quando esta entrada é baixa. Este sinal é gerado depois de a FPGA ser alimentada e o projeto ser carregado. Isto inicializa todas as lógicas, reinicia todos os Flip Flops do projeto e, assim, fornece um estado conhecido para o início da função após a desativação do pino de reinicialização.

b) START: O codificador inicia a codificação da entrada de início do bordo ascendente.

c) Dados de entrada: Trata-se de dados em série de 6 bits codificados em Manchester II Bi-phase e a paridade dos dados de entrada é calculada na saída

d) COMMAND/DATA SYNC: são 3 bits de sincronização que são enviados para a saída antes dos dados de entrada, indicando se os dados que são introduzidos são um comando/estado ou uma palavra de dados.

e) CLOCK: Todos os elementos síncronos do projeto são sincronizados por este relógio. O codificador MIL-STD-1553 Manchester tem uma taxa de 1Mbps, portanto, há duas transições para cada bit de dados. O sinal de sincronização deve ter uma largura de 3 bits com transições com uma duração de 1,5 bits. Os dados codificados/descodificados devem ser utilizados pela lógica do protocolo, que também tem uma série de requisitos de relógio. A norma

f) Os chips de protocolo disponíveis na prateleira utilizam um relógio de 12MHz e esta lógica, que se destina a substituir a utilização destes chips padrão, também foi concebida utilizando um relógio de 12MHz.

g) SAÍDA DO CODIFICADOR: Quando o codificador começa a ler os dados, o dado inicial lido é o sinalizador cmd/data. Quando este sinalizador está alto, indica que os 16 bits seguintes são um comando ou um estado, ou então os 16 bits seguintes são dados. Depois de os impulsos de sincronização e o comando/estado ou dados serem codificados, a paridade ímpar calculada é apresentada no final como 1 bit de paridade ímpar, que também é codificada em Manchester.

4.4.3. DIAGRAMA DE ESTADO DO CODIFICADOR

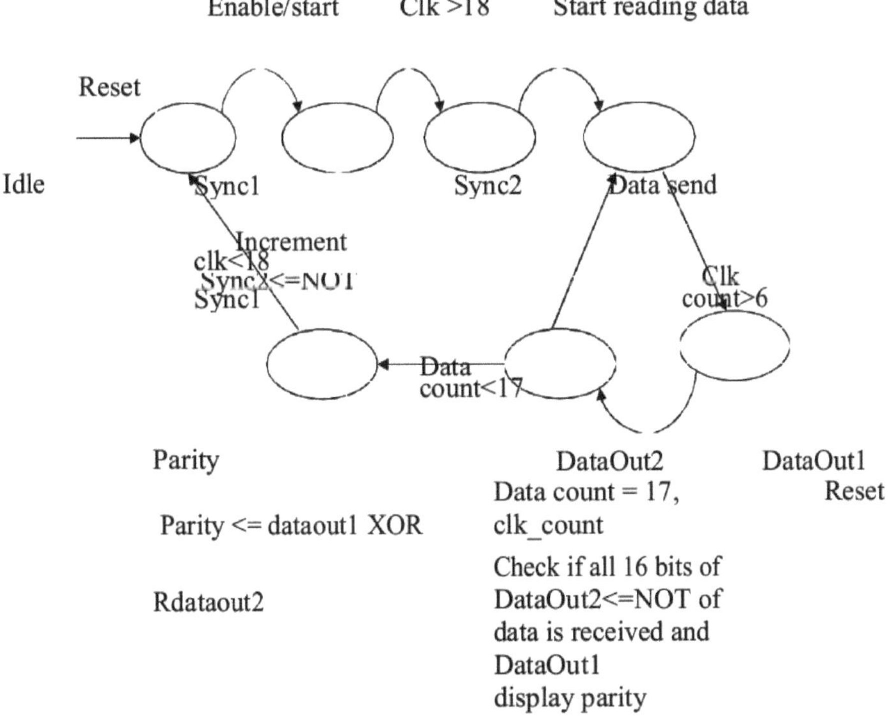

FIGURA 4.20: DIAGRAMA DE ESTADOS DO CODIFICADOR

O diagrama de estados do codificador tem seis estados, como se mostra:

A) IDLE: Quando reiniciado, o codificador entra no estado de inatividade. Permanece inativo neste estado até receber o impulso de sincronização. Após a conclusão da transmissão de dados, entra novamente no estado de inatividade até à próxima transmissão.

B) SYNC1: Quando o início da transmissão é sinalizado, o codificador inicia a transmissão com o impulso de sincronização. Apenas com a deteção do impulso de sincronização, o codificador saberá que a mensagem que está a ser enviada é um comando/estado ou dados. Syncl é a primeira parte do impulso de sincronização. Syncl tem o valor mais alto da palavra de comando ou de estado e o valor mais baixo da palavra de dados. A largura de syncl é de 1,5 clocks (da frequência de relógio de 1MHz), exigindo assim 18 clocks da frequência de relógio de 12 MHz dada ao codificador.

C) SYNC2: Sync2 é a segunda parte do pulso de sincronização. É o inverso de syncl. A largura de sync2 é também de 1,5 clocks (da frequência de relógio de 1MHz), exigindo assim 18 clocks da frequência de relógio de 12 MHz dada ao codificador. Após a conclusão deste estado, o codificador entra no estado seguinte de envio de dados, onde aceita os dados a serem codificados.

D) DATASEND: Neste estado, o codificador começa a receber os 16 bits de dados. Aceita os dados e codifica-os bit a bit. À medida que recebe cada bit, a paridade é simultaneamente calculada. Entra então no estado seguinte, dataoutl.

E) DATA0UT1: Cada bit recebido no estado anterior é codificado no formato Manchester para ser transmitido. A largura deste estado é de 0,5 vezes o tempo de relógio e a saída aqui é a mesma que a do bit recebido no envio de dados de acordo com o formato Manchester. Consiste em 6 clocks da frequência de clock de 12 MHz dada ao codificador. O estado seguinte é dataout2.

F) DATAOUT2: De acordo com o formato Manchester, a segunda metade do relógio é o inverso dos dados codificados na primeira metade do relógio. Este estado representa a segunda metade da codificação Manchester. A largura deste estado é de 0,5 vezes o tempo do relógio e a saída aqui é o inverso de dataoutl. Este impulso também consiste em 6 clocks da frequência de clock de 12 MHz dada ao codificador. Todo este processo de receção de dados e codificação em Manchester é repetido 16 vezes para 16 bits de dados. Depois de receber e codificar os 16 bits de dados, o codificador entra no estado de paridade a partir do estado dataout2.

G) PARIDADE: A paridade calculada aquando da receção de cada bit de dados é codificada na codificação Manchester II de forma semelhante à dos dados. Aqui, a paridade ímpar é calculada, ou seja, quando o número total de l's dos dados é ímpar, a paridade é 0, caso contrário, quando o número total de l's dos dados é par, a paridade é 1. Após a transmissão deste bit de paridade, o codificador entra no estado de inatividade e aí permanece até ao ciclo de transmissão seguinte.

4.4.4. DESENHO DE DECORAÇÃO

O projeto do descodificador é um pouco mais complicado do que o do codificador, uma vez que tem de sincronizar o seu relógio interno com as transições nos dados. Isso é chamado de sincronização de bits. Para descodificar um bit, precisamos de ler o fluxo de dados de entrada em intervalos de 0,5 us após a sincronização de bits. O descodificador tem um relógio separado, independente do codificador. O diagrama de blocos descreve o processo de descodificação dos dados codificados.

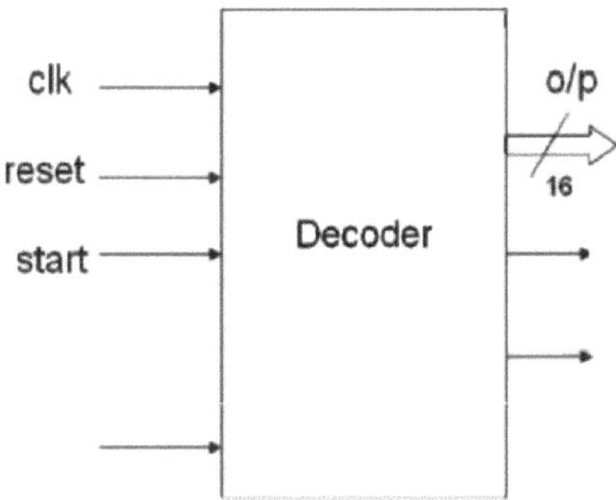

C/D Flag

Par_ok

ENCODER OUTPUT

FIGURA 4.21: DIAGRAMA DE BLOCOS DO DESCODIFICADOR

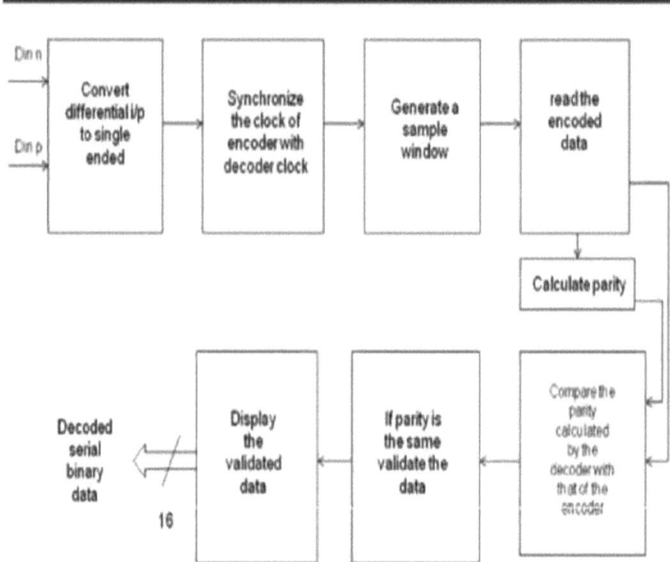

FIGURA 4.22: DIAGRAMA DE BLOCOS DO FUNCIONAMENTO DO DESCODIFICADOR
O processo de descodificação segue os seguintes passos

a) A saída diferencial do codificador é dada como entrada para o descodificador. Esta entrada diferencial é convertida numa entrada de extremidade única.

b) Como o codificador do codificador e o descodificador são diferentes, ambos os relógios são sincronizados de modo a que a taxa a que os dados são enviados pelo codificador seja igual à taxa a que o descodificador recebe os dados.

c) Para ler os dados codificados, é criada uma janela de amostragem a cada 6 ciclos de relógio, na qual é lido meio bit dos dados codificados.

d) Os dados codificados são lidos e descodificados conforme descrito no diagrama de estados.

e) Enquanto os dados estão a ser descodificados, a paridade é calculada para cada bit do comando/estado ou dados de 16 bits simultaneamente.

f) Esta paridade calculada pelo descodificador é comparada com a paridade recebida do codificador; se as paridades forem iguais, então os dados descodificados são válidos.

g) Os dados válidos são apresentados como dados binários paralelos de 16 bits, que são posteriormente utilizados pela lógica do protocolo BC/RT/MT.

4.4.5. DIAGRAMA DE ESTADO PARA DESCODIFICAR OS DADOS:
When got_sync = 1

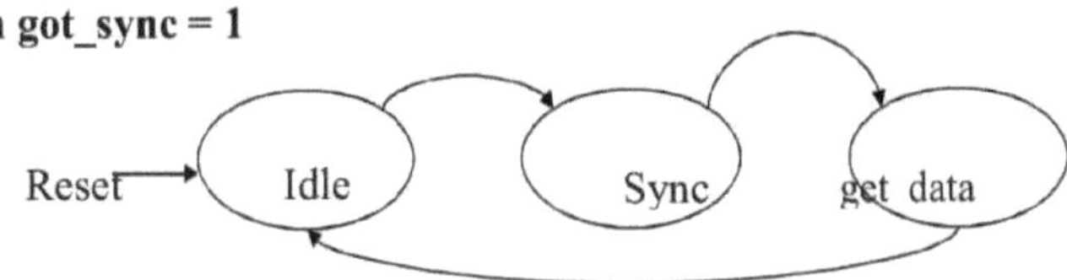

Converter a saída diferencial em aCalcular a paridade por
ler o

saída de extremidade única, detectarApós o cálculo da paridade
Manchester

borda de clk, e calcula o código e também lê cada bit
de

valor de entrada, criando dados de amostra e apresentando-os na janela de saída de 6 em 6
semanas.

FIGURA 4.23: DIAGRAMA DE ESTADOS PARA DESCODIFICAR DADOS

O funcionamento do diagrama de estados é o seguinte

IDLE: Ao ser reiniciado, o descodificador entra neste estado. A inicialização de todos os sinais e variáveis é efectuada aqui. Após a leitura de um ciclo de dados, o descodificador entra no estado de inatividade e permanece aqui até à receção dos dados seguintes. Quando o descodificador começa a receber um sinal, entra no estado de sincronização.

SYNC: Todas as mensagens 1553 devem começar com um Sync e, por isso, sempre que os dados chegam, devemos detetar primeiro o Sync. Neste estado, os bits de sincronização são recebidos. Recebemos 1 bit por cada 6 clocks, recebendo assim 6 bits para todo o impulso de sincronização. Se os bits recebidos forem "000111" ou "111000" a flag apropriada é activada e o descodificador entra no estado seguinte get_data. Quando a sincronização recebida é "111000", é uma palavra de comando/estado e se a sincronização recebida é "000111", é uma palavra de dados.

GET_DATA: Os dados codificados em Manchester e os bits de paridade são recebidos neste estado. Para cada dado codificado em Manchester, o bit é descodificado e extraído. À medida que cada bit é extraído, a paridade é simultaneamente calculada. A paridade calculada e a paridade recebida são verificadas. Se ambas forem iguais, os dados são válidos e podem ser utilizados, caso contrário devem ser imediatamente descartados. Depois de recebida a paridade, o descodificador entra no estado de inatividade e permanece nesse estado até à receção do ciclo de dados seguinte.

CAPÍTULO 5

RESTRIÇÕES DE TEMPO E BANCO DE ENSAIO

5.1. RESTRIÇÕES DE TEMPO

Esta investigação informa-nos sobre as restrições de tempo de folga, o pior caso possível, o melhor caso possível, os erros de temporização e a pontuação de temporização. Nesta investigação específica, tomámos em consideração diferentes verificações como a configuração, a retenção, o período mínimo, o impulso mínimo baixo e alto, onde analisámos a alteração percentual dos casos acima mencionados, na frequência IMhz.

Met	Constraint	Check	Worst Case Slack	Best Case Achievable	Timing Errors	Timing Score
Yes	TS_main_curr_stat e_FSM_FFd4 = PERIOD TIMEGRP "main_curr_state_ FSM_FFd4" 1000 ns HIGH 50%	SETUP HOLD	493.5 91ns 0.437 ns	12.818ns	0 0	0 0
Yes	TS_mdi3 = PERIOD TIMEGRP "mdi3" 1000 ns HIGH 50%	SETUP HOLD	494.5 30ns 0.496 ns	10.940ns	0 0	0 0
Yes	TS_CLK16 = PERIOD TIMEGRP "CLK16" 1000 ns HIGH 50%	SETUP HOLD	497.5 71ns 0.526 ns	4.927ns	0 0	0 0
Yes	TS_main_curr_stat e_FSM_FFd1 = PERIOD TIMEGRP "main_curr_state_ FSM_FFd1" 1000	MINLO WPULSE	997.7 50ns	2.250ns	0	0

	ns HIGH 50%					
Yes	TS_main_curr_stat e_FSM_FFd2 = PERIOD TIMEGRP "main_curr_state_ FSM_FFd2" 1000 ns HIGH 50%	MINLO WPULSE	997.7 50ns	2.250ns	0	0
Yes	TS_main_curr_stat e_FSM_FFd3 = PERIOD TIMEGRP "main_curr_state_ FSM_FFd3" 1000 ns HIGH 50%	MINLO WPULSE	997.7 50ns	2.250ns	0	0
Yes	TS_mdi1 = PERIOD TIMEGRP "mdi1" 1000 ns HIGH 50%	SETUP HOLD MINLO WPULSE	997.7 88ns 1.098 ns 997.7 50ns	2.212ns 2.250ns	0 0 0	0 0 0
Yes	TS_clock_count_0 _ = PERIOD TIMEGRP "clock_count<0>" 1000 ns HIGH 50%	MINPERI OD	999.5 20ns	0.480ns	0	0
Yes	TS_clock_count_1 _ = PERIOD TIMEGRP "clock_count<1>" 1000 ns HIGH 50%	MINPERI OD	999.5 20ns	0.480ns	0	0
Yes	TS_clock_count_2 _ = PERIOD TIMEGRP "clock_count<2>" 1000 ns HIGH 50%	MINPERI OD	999.5 20ns	0.480ns	0	0
Yes	TS_clock_count_3 _ = PERIOD TIMEGRP "clock_count<3>"	MINPERI OD	999.5 20ns	0.480ns	0	0

	1000 ns HIGH 50%					
Yes	TS_clock_count_4 _ = PERIOD TIMEGRP "clock_count<4>" 1000 ns HIGH 50%	MINPERI OD	999.5 20ns	0.480ns	0	0
Yes	TS_clock_count_5 _ = PERIOD TIMEGRP "clock_count<5>" 1000 ns HIGH 50%	MINPERI OD	999.5 20ns	0.480ns	0	0
Yes	TS_data1 = PERIOD TIMEGRP "data1" 1000 ns HIGH 50%	MINPERI OD	999.5 20ns	0.480ns	0	0
Yes	TS_data2 = PERIOD TIMEGRP "data2" 1000 ns HIGH 50%	MINPERI OD	999.5 20ns	0.480ns	0	0

Tabela 5.1: Restrições temporais do pior e do melhor caso

5.2. BANCO DE ENSAIO:

Tal como descrito anteriormente, um banco de ensaio é utilizado para validar a funcionalidade do projeto em cada fase da síntese HDL. O banco de ensaio encapsula o controlador de estímulos, o dispositivo em teste e os sinais interiores para estabelecer uma ligação adequada. O controlador de estímulos fornece as entradas ao dispositivo em teste. O dispositivo em teste responde aos sinais de entrada e cria resultados de saída. Os resultados são então associados aos resultados decentes conhecidos e comunicam quaisquer discrepâncias.

Como banco de ensaio geral, o banco de ensaio ou também conhecido como controlador de estímulos fornece as entradas para o dispositivo em ensaio.

Inicialmente, o projeto do codificador é verificado e simulado. Para o efeito, são fornecidos todos os sinais de entrada ao codificador concebido, ou seja, o relógio necessário, o sinal de arranque, o sinal de reinicialização, o sinalizador cmd/data e data_in. Estas entradas são dadas durante um período de tempo específico e os resultados são testados.

Quando o desenho do codificador estiver perfeito, a saída do codificador é dada como entrada de dados para o descodificador, juntamente com os outros sinais comuns que são o arranque, o reset e um sinal de relógio. Estes sinais são dados ao descodificador, que é o atual dispositivo em teste, através de outro banco de ensaio. O banco de ensaio acciona todos os sinais internos do dispositivo em ensaio e dá-nos a saída do descodificador. A saída é comparada com a entrada do codificador e, se não for satisfatória, são efectuadas as alterações necessárias no código dos respectivos programas.

CAPÍTULO 6

CONCLUSÕES E ÂMBITO DO TRABALHO FUTURO

O objetivo é o descodificador MIL-STD-1553B utilizando máquinas de estado, codificação utilizando VHDL. O barramento de dados de aviónica MIL STD 1553B tem aplicação na aviónica e na comunicação por satélite para estabelecer a interface entre diferentes subsistemas. Para conceber o codificador e o descodificador, são utilizadas máquinas de estados em vez da conceção convencional com diagramas de blocos e a codificação é feita com VHDL. O codificador-descodificador de Manchester MIL-STD-1553, que é a lógica frontal de um dispositivo do protocolo 1553, foi concebido e realizado com êxito utilizando máquinas de estados. Este projeto deu-nos uma boa visão e compreensão das técnicas de conceção síncrona, conceção com máquinas de estado e programação em VHDL. Também nos deu uma boa compreensão do MIL-STD 1553B. Durante o processo de conceção, ficámos a conhecer bem o estilo comportamental da programação em VHDL utilizando máquinas de estados.

REFERÊNCIAS

[1] Tanesh Kumar, Bishwajeet Pandey, Teerath Das, e Bhavani Shankar Chowdhry, "Mobile DDR IO Standard Based High Performance Energy Efficient Portable ALU Design on FPGA", Wireless Personal Communications, An International Journal, Volume 76, Issue 3 (2014), Page 569-578.

[2] Shivani Madhok , Bishwajeet Pandey e Amanpreet Kaur , Mohamed Hashim Minver e D M Akbar Hussain, "HSTL IO Standard Based Energy Efficient Multiplier Design usando Nikhilam Navatashcaramam Dashatah em 28nm FPGA", Revista Internacional de Controle e Automação Vol.8, No.8 (2015), pp.35-44.

[3] Bishwajeet Pandey, Vandana Thind, Simran Kaur Sandhu, Tamanna Walia e Sumit Sharma. "Implementação eficiente de energia baseada em SSTL do algoritmo de segurança DES em FPGA de 28 nm." International Journal of Security and Its Application 9, no. 7, julho de 2015, Página: 267-274.

[4] Deepa Singh, Kanika Garg, Ravneet Singh, Bishwajeet Pandey, Kartik Kalia e Hasmatullah Noori. "A Internet das Coisas com consciência térmica permite um design de codificador eficiente em termos energéticos para segurança em FPGA". International Journal of Security and Its Applications 9, n.º 6, junho de 2015, Página: 271-278.

[5] Tanesh Kumar, Bishwajeet Pandey, S. H. A. Mussavi e Noor Zaman. "Projeto de ALU de imagem com consciência térmica com eficiência energética baseado em CTHS em FPGA." Wireless Personal Communications, Vol. 85, No. 3, December2015, Page: 671-696.

[6] Saxena, Abhay, et al. "Projeto de contador verde específico de processador baseado em padrões HSTL IO em FPGA de 90 nm" *Revista Internacional de Controle e Automação* 9.7 (2016): 331-342.

[7] Kavita Goswami, Bishwajeet Pandey, D M Akbar Hussain, Tanesh Kumar, Kartik Kalia, "Input/Output Buffer Based Vedic Multiplier Design for Thermal Aware Energy Efficient Digital Signal Processing on 28nm FPGA", Indian Journal of Science and Technology, Vol.9, No. 10, março de 2016.

[8] Kartik Kalia, Bishwajeet Pandey, Teerath Das, D M Akbar Hussain, "SSTL Based Low Power Thermal Efficient WLAN Specific 32bit ALU Design on 28nm FPGA", Indian

Journal of Science and Technology, Vol.9, No,10, March2016. http://www.indist.org/index.php/indist/article/view/88080.

[9] Vandana Thind, Bishwajeet Pandey, Kartik Kalia, D M Akbar Hussain, Teerath Das e Tanesh Kumar, **"Projeto e implementação do algoritmo DES de baixa potência baseado em FPGA utilizando a tecnologia HTML"**, Revista Internacional de Engenharia de Software e suas Aplicações Vol. 10, N.º 6 (2016), pp. 81-92.

[10] http://www.scribd.com/doc/49284395/MIL-STD-1553Tut.

[11] http://microsat.sm.bmstu.ru/e-library/military%20standatds/MIL-STD 1553Tut.pdf.

[12] http://www.ee.iitm.ac.in/~balaiis/EE5000/MC TDM.pdf.

[13] http://www.atmel.com/images/doc9164.pdf.

[14] http ://en.wikipedia.org/wiki/Manchester code.

[15] VHDL primer- por douglas perry.

APÊNDICES

Introdução às matrizes de portas programáveis em campo (FPGA):

A FPGA é uma alternativa aos Application Speci c ICs (ASICs), como os receptores digitais, e aos Complex Programmable Logic Device (CPLD) ou DSPs. O funcionamento da FPGA depende dos bits do código Verilog/VHDL, que descarregamos para a FPGA. A mesma FPGA com código de contador ou somador actua como contador ou somador. É por isso que se chama Programável Arquivado.

Existem muitas implementações comerciais de FPGA. O Spartan-3 e o Virtex-4 são FPGA baseados na tecnologia de 90 nm. Por outro lado, Spartan-6, Virtex-6 e Virtex-7 têm 45 nm, 40 nm e 28 nm, respetivamente.

A matriz de portas programáveis em campo (FPGA) é uma forma melhorada de dispositivos lógicos programáveis (PLD). Os FPGA são de conceção rápida, altamente configuráveis e reprogramáveis. Cada fornecedor de FPGA tem uma arquitetura diferente; a arquitetura geral de uma FPGA é apresentada na figura.

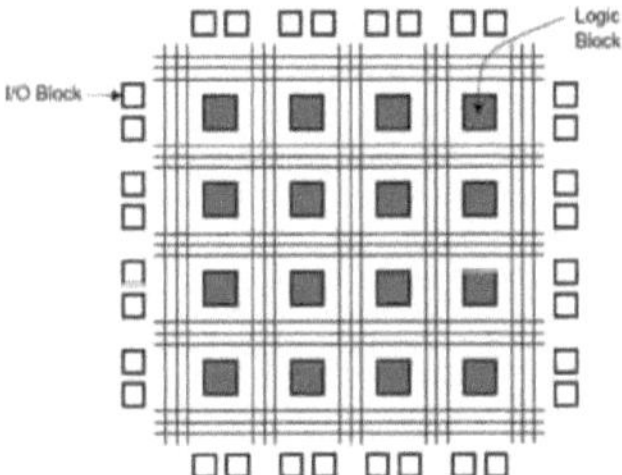

Fig: Matriz de portas programáveis de campo [Courtsey: xilinx.com]

Cada FPGA tem uma tecnologia diferente. Por exemplo, a série Xilinx Virtex de FPGAs tem características integradas que incluem:

1. Lógica FIFO e ECC

2. Blocos DSP

3. Controladores PCI-Express

4. Blocos MAC Ethernet

5. Transceptores de alta velocidade.

FPGA de alto desempenho	Tecnologia
Virtex	220nm
Virtex E	180nm
Virtex II	130nm
Virtex-4, Spartan-3	90nm
Virtex-5	65nm
Virtex-6	40nm
Virtex-7, Artix-7	28nm

Tab.: FPGA e sua tecnologia de base

FPGA Virtex-6 de 40 nm:

A família de FPGAs Virtex-6 é a base de silício de alto desempenho para plataformas de design direcionado. Consumindo menos 50% de energia e oferecendo um custo 20% inferior ao da geração anterior, a nova família é construída com a combinação certa de programabilidade, blocos integrados para DSP, memória e suporte de conetividade - incluindo capacidades de transcetor de alta velocidade - para satisfazer a procura insaciável de maior largura de banda e maior desempenho, como mostra a Figura:

Fig: Virtex-6FPGA [Courtsey: xilinx.com]

As características da FPGA Virtex-6, que a tornam mais promissora e económica, são as seguintes

1. Lógica de alto desempenho

2. Lógica de prototipagem ASIC de alta densidade

3. Processamento para fins gerais

4. Processamento digital de sinais

5. Processamento de sinais digitais de desempenho ultra-elevado

6. E/S de série de baixo consumo

7. Largura de banda de E/S de série

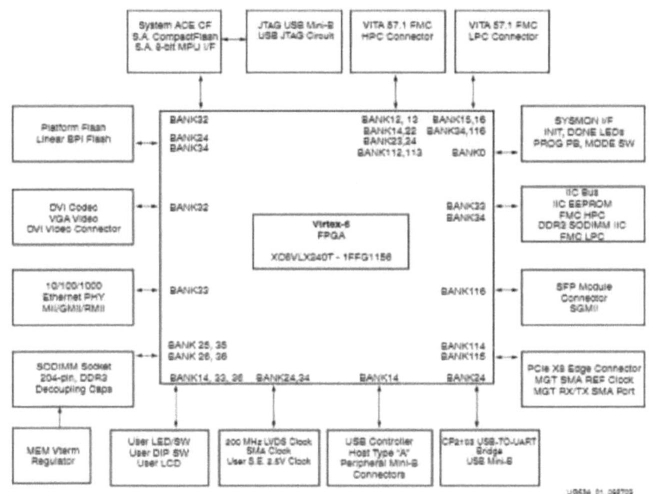

Figure 1-1: ML605 High-Level Block Diagram

Fig: Arquitetura Virtex-6

A FPGA Virtex-6 é colocada na placa ML605. Esta placa tem 23 componentes.

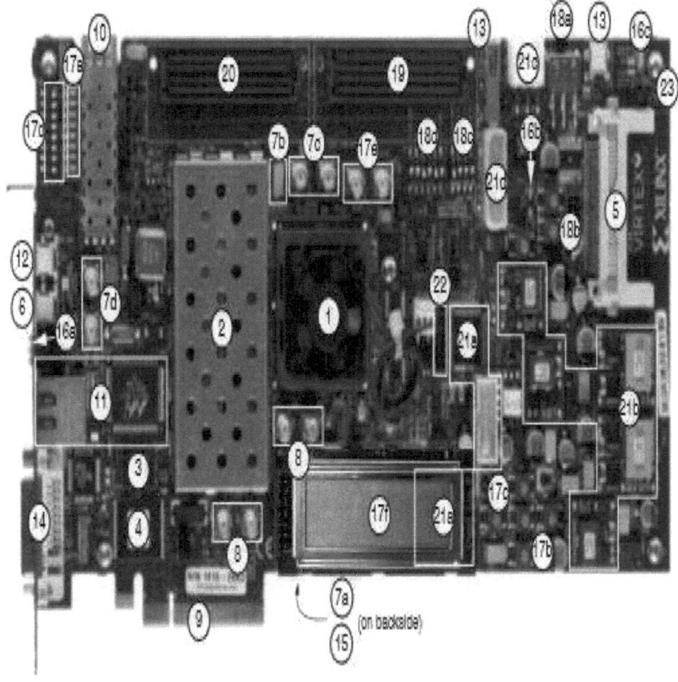

Fig: Placa ML605 [Courtsey: xilinx.com]

Os seguintes 23 componentes da placaML605 estão listados na Tabela:

1	Virtex-6 FPGA	XC6VLX240T-1FFG1156
2	DDR3 SODIMM Micron 512 MB	MT4JSF6464HY-1G1
3	128 Mb Platform Flash XL	Xilinx XCF128X-FTG64C
4	Linear BPI Flash	Numonyx JS28F256P30T95
5	System ACE CF controller, CF connector	Xilinx XCCACE-TQ144I
6	JTAG cable con nec tor connector (USB Mini-B)	USB JTAG download circuit
7	Clock generation	200 MHz oscillator (on backside)
8	GTX RX/TX port	SMA x4
9	PCIe Gen1 (8-lane), Gen2 (4-lane)	Card edge connector
10	SFP connector and cage	AMP 136073-1
11	Ethernet (10/100/1 000) with SGMII	Marvell M88E1111 EPHY
12	USB Mini-B,	USB-to-UART bridge
13	USB-A Host	USB Mini-B peripheral connectors
14	Video-DVI connector	Chrontel CH7301C-TF Video codec
15	IIC NV EEPROM	ST Microelectroni cs M24C0 8- WDW6TP

16	Status LED	Ethernet status , FPGA INIT, DONE, System ACE CF status
17	User I/O	User LEDs, User pushbuttons, User LEDs, green, User DIP switch (8-pole), User GPIO SMA connectors, LCD 16 character x 2 line display
18	Switches	Power On/O , PRO B, FPGA .G .push-button, System ACE CF Image Select, Mode Switch
19	FMC	HPC connector
20	FMC	LPC connector
21	Power management	PMBus controllers x TI 2 UCD9240PFC, Voltage regulators
22	System Connector	Int Moniterf or ace		
23	System ACE Error	DS30 LED

Tab.: Componentes da placa ML605 [Courtsey: xilinx.com]

Artix-7:

As FPGAs Artix-7 T, SL e SLT satisfazem uma grande variedade de necessidades de mercado de grande volume, como se mostra na Figura:

Fig.: Tecnologia de 28nm baseada emArtix-7FPGA [Courtsey:xilinx.com]

O Artix-7 oferece um desempenho de sistema líder por watt para aplicações sensíveis ao custo.

1. Duas vezes a capacidade, metade da potência

2. Pacote mais pequeno

3. Kits de desenvolvimento com IP e desenhos de referência para um início rápido do projeto

4. Potência total mais baixa por célula lógica

5. O melhor desempenho da sua classe para DDR3, DSP, E/S paralela e série

6. Embalagem de baixo custo e de dimensões reduzidas

Xilinx ISE Webpack 14.4

O Xilinx ISE WebPACK é um conjunto completo de design de lógica programável FPGA/CPLD que fornece:

o Especificação da lógica programável através de captura esquemática ou Verilog/VHDL

o Síntese e colocação e encaminhamento da lógica especificada para vários FPGAs e CPLDs da Xilinx

o Simulação funcional (comportamental) e de tempo (pós-localização e trajeto)

o Descarga de dados de configuração para o dispositivo alvo através de um cabo de comunicações

Cabeça de prancha 14.4:

A ferramenta PlanAhead é um produto de conceção e análise que proporciona um ambiente para todo o processo de conceção e implementação de FPGA. A ferramenta PlanAhead está integrada com:

o Ferramentas de síntese e implementação Xilinx ISE Design Suite

o Kit de desenvolvimento incorporado (EDK) da Xilinx

o   Ferramenta Xilinx Synthesis Technology (XST)

o   Ferramenta CORE Generator

o   Ferramenta de depuração ChipScope Pro

o   Ferramenta ISE Simulator (ISim)

o   Ferramenta XPower Analyzer

o   Ferramenta FPGA Editor

o   Ferramenta de programação de dispositivos iMPACT

Utilização da ferramentaPlanAhead

Seguem-se as utilizações da ferramentaPlanAhead em trabalhos de EDA.

o   Gerir os dados do projeto ow com um processo de execução de botão de pressão desde o desenvolvimento RTL até à geração de bitstream.

o   Efetuar o projeto e a análise RTL utilizando um projeto elaborado.

o   Efetuar simulação comportamental e de temporização utilizando a ferramenta integrada Xilinx ISim.

o   Personalizar e implementar IP utilizando a ferramenta CORE Generator integrada.

o   Configurar e lançar várias execuções de síntese e implementação.

o   Efetuar o planeamento dos pinos de E/S.

o   Gerir as restrições e efetuar o planeamento do trabalho.

o   Estimar a utilização de recursos, o tempo e o consumo de energia.

o   Efetuar verificações das regras de conceção (DRC).

o   Depurar a inserção e a implementação do núcleo com a ferramenta de depuração ChipScope.

o   Efetuar a configuração do dispositivo e a geração de le com a ferramenta iMPACT.

o   Analisar os resultados da implementação.

o   Lançar ferramentas de programação e de verificação da conceção.

o   Trabalhar com ferramentas de terceiros, tais como: Synplify Pro FPGA synthesis software da Synopsys, Mentor Graphics ModelSim ou Questa Advanced Simulator tool, Precision synthesis da Mentor Graphic.

XPower 14.4:

O XPower oferece análise e estimativa de potência detalhadas para lógica programável. O XPower permite analisar a potência total do dispositivo, a potência por rede, projetos roteados, parcialmente roteados ou não roteados. O XPower fornece uma interface gráfica do utilizador (GUI) abrangente ou um modo de lote orientado por linha de comando. O XPower pode ler dados de simulação HDL para definir rapidamente o estímulo de estimativa, reduzindo o tempo de configuração. No início do processo de desenho, o XPower fornece um "Assistente de Novo Desenho", uma caixa de diálogo passo a passo que ajuda os utilizadores a importar dados de desenho e de simulação, e a definir dados de carregamento e dados padrão. O XPower utiliza o conhecimento do dispositivo e os dados do projeto para estimar a potência do dispositivo e a utilização da potência líquida individual. A informação é apresentada nos formatos de relatório HTML e ASCII. Características principais

o   Assistente de novo desenho

o   Importação de ficheiros de simulação VCD para ModelSim, Cadence Verilog XL, NC-Verilog, NC-VHDL, NC-SIM, Synopsys VCS e Scirocco

o   Dados de relatórios gráficos e ASCII

o   Dados do dispositivo lidos diretamente do layout Xilinx les

o   Guardar e recuperar dados de configuração

o   Reconhece pequenas variações de tensão em VCC

o   GUI ou execução em modo batch

ISim:

O ISim fornece um simulador HDL completo e cheio de recursos integrado ao ISE. A simulação HDL agora pode ser um passo ainda mais fundamental dentro do seu projeto com a forte integração do ISim dentro do seu ambiente de projeto. Principais recursos do ISim:

o   Apoio em várias línguas

o   Suporta VHDL-93 e Verilog 2001

o   Suporte nativo para todos os blocos HardIP

o   Sem requisitos especiais de licença

o   Compilação multi-tarefa

o   Capacidades de pós-processamento

o   GUI com script Tel e execução de simulação em modo batch

o   Capacidades de visualização autónoma de formas de onda

o   Capacidades de depuração

o   Traçado de formas de onda, visualização de formas de onda, depuração de fontes HDL

o   Editor de Memória para visualização e depuração de elementos de memória

o   Re-compilação e relançamento da simulação com um único clique

o   Integrado com o ISE Design Suite e a aplicação PlanAhead

o   Fácil de utilizar - compilação e simulação com um clique

o   Capacidade de co-simulação de hardware

o   descarregar um projeto ou uma parte do projeto para o hardware

o   Acelerar a simulação RTL em até 50 vezes

o   Bibliotecas de simulação Xilinx incorporadas

Verilog:

Entre as diferentes linguagens de descrição de hardware, como VHDL, Verilog e SystemC, Verilog é mais utilizada na indústria EDA. Na altura da sua introdução (1984), Verilog representou uma enorme melhoria de produtividade para os projectistas de circuitos que já utilizavam software de captura de esquemas gráficos e programas de software especialmente escritos para documentar e simular circuitos electrónicos. Verilog é uma linguagem semelhante à linguagem de programação C, que já era amplamente utilizada no desenvolvimento de software de engenharia. Um projeto Verilog é constituído por uma hierarquia de módulos. O software de síntese transforma algoritmicamente a fonte Verilog numa lista de rede, uma descrição logicamente equivalente que consiste apenas em primitivos lógicos elementares (AND, OR, NOT, ip- ops, etc.) disponíveis numa tecnologia FPGA ou VLSI específica. Manipulações posteriores da lista de rede conduzem, em última análise, a um projeto de fabrico de circuitos (como um conjunto de máscaras fotográficas para um ASIC ou um fluxo de bits para uma FPGA).

More
Books!

info@omniscriptum.com
www.omniscriptum.com
OMNIScriptum

Printed by Books on Demand GmbH, Norderstedt / Germany